喺屋企做運動

感激不盡

不可不知的

癌症瑣碎事

2

臨床腫瘤科專科

黃麗珊醫生
潘潔欣 合著

青森文化

唔使客氣

等 Cindy 醫醫
為你一一講解

目錄

Chapter I　癌症瑣碎事篇

（一）【醫療瑣碎事】

Chapter II　**Cindy 醫醫感想集**

Chapter III　一起走過的日子

Chapter IV　CA 菜鳥之日常散文集

（一）【診症一二事】

附錄

一齊努力

推薦序

醫生解答疑問可省卻無謂爭辯和病人少行歪路

香港政府公布 2019 年診斷癌症的人口再達新高，每年新確診數字達 3.5 萬個，急升 3.1%。癌症死亡人口已佔全港死亡原因的三分之一，致命癌症最高的頭三位乃肺癌、大腸癌及肝癌。可見緩解人口老化及癌症倖存者對全港醫療系統的沉重負擔刻不容緩。不同研究也觀察到癌症病患者有 68% 可生存平均生存多於 5 年以上，復康之路，完全是一個「無期徒刑」。驚惶失措，當中涉及很多煩瑣事，除了向醫生查詢之外，多數都會訴之於親友或病人群組。托臉書大大的興起，各路群組及同路人更是七嘴八舌的熱心分享過去的經驗。

癌症的西醫發展在過去 10 年的手術技術、化放療、標靶治療、免疫療法或質子治療都已翻天覆地的改變，磊碩的臨床研究也證實縱使晚期的癌症病人若跟隨主流醫學，可以為病人倖存一段時間。可惜各路英雄七嘴八舌，滲透不同也未必個個病人合適，只會添煩添亂。

這本書融合醫生眼中的專業名詞以外，以更適切的語言去配合各階段癌症病人或其照顧者會遇到的問題。這些問題觸及到的細微之處，未必可在醫生看診過程中便可以簡單一言兩語而釋除疑慮。感謝臨床腫瘤科專科黃麗珊醫生願意在她拼勁的路上給予

一個抖氣位，容許癌症病人在這場「無期徒刑」過程中，回答同路人的常見問題（Frequent Ask Question, FAQ）。特此書的出版，對醫患關係更顯重要、必需及適切。

可以將這些 FAQ 集腋成裘去回應病人的訴求，醫生眼中合適的答案著實可貴。可省卻很多無謂的爭辯及避免病人走歪路，提升有素質的醫學討論才會相得益彰。很多醫生披星戴月的治療病人，脫下白袍後也是一個人，有血有肉的身軀背後也盛載著人的生命與情感。Cindy 醫醫的真性情分享著每個家庭的悲歡離合，才顯得對每位病人的關心及照顧。這種可以陪伴每位病人走下一段時光，是一種不可言語的光芒與榮耀。

除了一直致力的《不可不知的癌症瑣碎事 2》，癌症病人仍有更多的問題想知、想問，希望這本新書可以為病人提供更「落地」有用及最新的癌症相關資訊。若有合適，請分享此書，以幫助不同的同路人。

黃韻婷博士

香港大學李嘉誠醫學院哲學博士
香港浸會大學生物醫學學士（榮譽）
香港浸會大學中醫學學士
前香港中文大學中醫學院香港中西醫結合醫學研究所助理教授
北京中醫藥大學國家中醫體質與治未病研究院榮譽教授
陳炳忠教授中醫腫瘤學傳承工作室弟子

推薦序

醫生醫病又醫心就是病人的福祉

我認識 Cindy，從合作研究提升癌症服務品質開始。我倆會用「一拍即合」來形容彼此的關係。Cindy 是少數腫瘤科醫生在醫治病人的腫瘤時，會同時地照顧病人的心理狀況。我很多時說笑，如果每位醫生都能做到照顧病人的心理質素，我就可以提早退休。

香港要尋找專業兼醫術高明的醫生不難，但要尋找一位能夠從病人角度去醫治癌病就非常不容易。Cindy 可以說是極少數的一位。她很明白病人的個人需要，每一個病案，她都會從病人的價值取向而建議出一個個人化的治療方案。

她撰寫第一本《不可不知的癌症瑣碎事》便講出很多病人的心聲及需要，絕對不是她口中說的瑣碎事。這本書對每一位癌症病人都會有所得益。Cindy 其實是一位超級貼地，以病人出發點去醫治癌病的醫生，所以大家千萬不要錯過《不可不知的癌症瑣碎事 2》！

藍詠德博士

香港大學李嘉誠醫學院賽馬會癌症綜合關護中心總監
香港大學李嘉誠醫學院公共衞生學院副教授及行為健康學分部主任
國際心理腫瘤學學會當選董事會副主席 2021-2023

前言

當「不可不知」變成「不可思議」？

最近好興奮，因為出書的夢想成真！除了接收到大家大量的祝福外，大家亦不斷問我：「為何這麼忙仍然可以寫到新書，仍然可以做這麼多 Facebook 節目？」「你是否每天有 48 小時？」「為何仍有時間享有家庭樂？」「為何還有時間做運動，還有心情扮靚靚？」

想深一層，這件事的確有一些不可思議。很明顯我是非常愛我的工作，已經達致廢寢忘餐的程度，所以即使未食飽、未瞓飽，我仍然可以有心有力寫文章，因為寫文章是很好的減壓方法。

疫情以來，工作及生活上都迎來不同的挑戰，但卻沒有適當的渠道讓我「放負」。從小到大我都不喜歡煲劇，又不懂得音樂，唯有寄情寫文章，而且每次寫文章後都可以同大家有不

同的互動，自我感覺良好！剛巧又有新的產品 AI Mouse，只是透過簡單的按鈕，就能將說話轉化成文字，只要能夠出口成文，定定坐下來 30-60 分鐘便能夠完成一篇文章，大大提升我的工作效率。當減壓的方法仍是別人眼中不能接受的工作的時候，就是變態了！

除了特別的嗜好，我在不同的崗位也有著不同的神隊友，大大增加我的效率。 癌症資訊網創辦人 Alan Ng 在個人 Facebook 曾經說過「效率＝輸出 / 輸入 ×100%」。即係如果輸入大過輸出，效率就會細過 100%。這句說話，在我看來，由於每個崗位都有神隊友的存在，令我每個崗位的輸入率都小於一，即是只需要五分一個 Cindy，或者三分一個 Cindy，都能夠換到更高的效率，實在太 Amazing 了！

真的要好好感謝我的神隊友們

1. 多功能公公
2. 萬能老公
3. 隱形婆婆
4. 傻大姐 Karlie Chung
5. 詐傻扮懵妹妹 Hailey Chung
6. 超能工人姐姐
7. 可遇不可求的菜鳥助手以及熟鳥朱姑娘

沒有你們，就沒有今天的 Cindy 醫醫！

黃麗珊

Chapter I
癌症瑣碎事篇

（一）醫療瑣碎事

1. 醫生與病人之間 WhatsApp 群組之利與弊

自從踏入私人市場，我一直會與每一位病人及家屬設立 WhatsApp 群組，以保持溝通（由助手打理）。每個病人皆獨立一個群組，所以群組數量已達過千（連家人在內，有數千人隨時可以「刮」到我），工作量驚人，為何仍要堅持呢？因為利多於弊，只是病人及我都要守好某些規矩，這個方法才可以 Sustain 下去。

先講病人群組有甚麼好處，隨即每一點解說有甚麼壞處

1. **可以直接聯絡到主診醫生。**這一點對病人及家屬是非常重要的，尤其是要處理緊急情況的時候，已經收過很多病人緊急求助（例如在家中癲癇、發燒、出血、休克……收過無數電話，亦試過有病人家人及朋友的求助電話），即使不能即時抽身提供協助，也能教導病人及家人如何處理，所以能提升他們的安全感，這是抗癌路上非常重要的元素。

   壞處：對醫生的負荷極重。其實私家醫生並不是大家想像中的那麼輕鬆，可以嘆咖啡，蒲蘭桂坊……「Cindy 醫醫之日常」：朝九晚六在診所看門診病人，然後到各醫院巡房，夜深時再做電療畫位。當中還要處理很多大大小小病人的急事，所以我經常強調，不緊急的事，請在群組內留下訊息；緊急的才致電，很多病人不太明白。

其實一個醫生，同一時間照顧緊好多病人及家人，試過有病人因為保險問題致電，那時我正在替病人急救。亦試過有病人及家人分開幾個電話，同時致電為了改時間睇醫生。試問這些情況要幾多個 Cindy 醫醫先夠用呢？而且，Cindy 醫醫不只是醫生，也是一位媽媽，一位女兒，一位太太……縱使斷絕所有朋友聯絡，也不能不理家人。所以，我的助手經常在群組內提醒各病人及家屬要遵守規則，要不然這些群組便要關閉。要大家都遵守遊戲規則，才能持之以恆！

2. **一個統一的平台記錄病人的所有資料，**一方面能夠讓醫生短時間內掌握病人資料，然後「快狠準」的答覆（醫生不是電腦，無可能單靠病人名字，就能短時間內記起病人所有病歷，更何況病人數量日漸增多，同名同姓的人大有人在）；另一方面，病人有全面的記錄，方便隨時見其他醫生！

其實，由於疫情關係，診所及醫院都實施管制措施，令家人陪診的數量下降，很多家人都覺得很不安，由於 WhatsApp 有錄音功能，現在疹症／巡房時是也會錄音。一方面讓家人能夠清楚了解診症時候的情況；另一方面對醫生也是一個保障。因為不能把所有記錄都轉化成書面記錄，所以有錄音記錄也可以確保醫生真是

有把所有有機會出現的副作用及情況詳細解說，減少日後有問題時的爭拗。

壞處：病人私隱未能受到保障，所以如果病人擔心私隱問題的話，便不能設立群組。

3. **一個統一的平台讓家人及病人清楚知道關於病情的每一個細節，減少病人或家屬因為自己不了解醫生的說明，將醫生的意思扭曲**，畢竟以訛傳訛的效應不能看輕。在統一一個平台向醫生發問問題，也能減少重複發問，減輕醫生的負擔。而且在 WhatsApp Group 中隨時可以發問，醫生亦可在得手的時間回答，時間上減省，但是就有互相遷就的苦惱。

壞處：有些家人不想病人太清楚知道自己的情況，那麼便要分開兩個群組。一個是有病人的群組；另一個是沒有病人的群組。我從來都向家人強調，如果病人親口向醫生問自己病情的話，醫生是要向病人負責的，不是向家人負責的，所以要如實回答。如果病人沒有直接問醫生，我們一般都不會在未充分了解病人的心理背景的情況下單刀直入的。

其實 WhatsApp 群組利多於弊，只是對醫生負荷極大，所以並不可以要求每一位醫生都用這些方式對待病人，而且日子久了，病人及家人一般都會忘記醫生真是非常非常繁忙的，偶然還會有違規的情況，所以助手

都會溫馨提示，希望大家可以諒解，因為要燃燒生命拋夫棄女 Mode 才能持久地將 WhatsApp Group 運作！畢竟我也是一個有血有肉的人，不是電腦啊！

說到這裡，謝謝各位病人大時大節在群組內的問候及祝福，但一般我都未能回應，因為非假日的日子，大大小小的訊息而達過千的數量；大時大節真的是太恐怖了，而且遮蓋了有需要問問題的信息，所以助手「CA 菜鳥」都好吃力。放心，大家的祝福我們都收到晒。

我們都會繼續努力地燃燒生命，讓群組發光發熱。

2. 挑戰不可能任務 —— 疫情下將病人由公立醫院轉至私家醫院做舒緩治療

　　疫情關係，公立醫院收緊探病安排，對於末期癌症病人來說，情況就好像在病房孤獨地等死！家人亦非常焦急，非常心痛，希望用盡方法能夠安排病人轉到其他地方，例如私家醫院或者非牟利機構，希望比較寬鬆的探病安排，能夠讓家人陪伴病人最後的時光。但是，是否一家人夾錢就能如願以償呢？

　　其實，這個是一個非常複雜的安排，並不是單純錢可以解決的問題。要過五關斬六將，當中隨時都會觸礁，做一大輪嘢都只得一個桔，即是未能將病人從公立醫院帶出來。所以，每次有病人家屬向我求助，我必定要仔細講清楚每一步的風險，以確保他們有合理的期望，才能開始第一步的安排！

首先，我們要充份了解病人的最新病情（本身已是病人的私家主診醫生的話，最為理想）。私家醫生要聯絡公立醫院病房同事安排一份最新的病情記錄，以及最新的 COVID-19 測試報告，用作與私家醫院申請轉院之安排。

轉院不易二三事

每間私家醫院安排都不一樣，每間醫院負責審批的同事亦不一樣。大部分都是比較高層的護理同事（不是醫生同事），由於他們對腫瘤大部分都不是非常理解，即使提供最新之病歷，以及有私家醫生認頭負責照顧的病人，並不代表私家醫院就同意安排接收病人。很多時候，得回來的答覆都是匪夷所思的。

簡單的說，**私家醫院一般不會願意承擔風險**。有時候，很簡單的很低風險的情況都會拒絕接收，用的理由層出不窮，所以形容為匪夷所思。一間唔接收便要問另一間私家醫院，直到有私家醫院肯接收。有些時候，沒有任何一間私家醫院願意接收！這個只是第一步！

跟著就是要**安排轉院**，其實轉院一點也不容易，**要視乎病人是否穩定**？如果是穩定的病人，可以安排救護車或者非緊急救護車，相對簡單。但亦試過某些公立醫院醫護人員拒絕安排救護車轉送私家醫院。最離譜的，曾經有姑娘同事跟我說，他們可以安排非緊急救護車將病人送到家中，然後病人在家中再自行由私家醫生安排到私家醫院，因為他們是絕對不會安排病人由公立醫院轉送到私家醫院的！真是無奇不有。

誰要付上轉院風險

如果病人情況不穩定，由於轉院期間可能會有生命危險，公立醫院不會放行。這是非常正確的，因為沒有人能夠承擔病人轉院期間離世的風險，而且轉院期間在途中、在車上離世是非常尷尬的。一方面私家醫院不會接收已經離世的病人，那麼便要返回公立醫院急症室處理離世的安排。

由於病人是在途中離世，一般來說，要跟正常程序辦理，要報警排除非自然死亡的可能性，以及要申請豁免解剖。豁免死因庭的安排，家人要經歷的心理創傷不少，所以這些都要跟病人及家屬講得清清楚楚，他們要能承擔這個風險才能安排轉院。

有些時候，需要病人簽署 DAMA（Discharge Against Medical Advice），即是自行承擔風險才能放行！

轉院風險成本怎樣計？

即使能夠承擔這個風險，技術層面安排亦少不了，因為救護車雖然有救護設備，但需要有醫護人員配合。如果病人情況不穩定，例如要用強心藥物來穩定血壓，便需要有醫生 Escort。由於公立醫院醫生已經非常繁忙，他們絕對不可能有這些人手，其實私家醫生也是非常繁忙，日間的時間在診所診症；晚上要為住院病人巡房，未能抽身護送病人，而且亦不熟習用救護車上的設備，所以一般會安排私家救護車 SOS 服務，以及他們的醫生進行 Escort。如果只是用救護車服務，一般收費大約為港幣四千至五千元。

如果需要有醫生護送的話，費用大約為港幣二萬元，成功轉院當然開心。但如果轉院期間離世，當然繼續要付費；但是要送回公立醫院急症室作離世安排的處理，所以說有機會做完都得個桔！

　　如果成功到達私家醫院的病房，又要計算平均每天住院費用，因為可能是長期鬥爭。如果真是彈盡糧絕的話，又或者是完全失去預算的話，又怎麼辦呢？一般來說，需要轉送公立醫院急症室，然後再安排住院服務。但是，去哪一間急症室便要視乎私家醫院的位置了，並不是想去邊間就去邊間，因為安排救護車轉送公立醫院是視乎那間私家醫院的位置，例如荃灣港安醫院送去仁濟醫院，司徒拔道港安醫院送去律敦治醫院，浸會醫院及 St. Teresa 送去伊利沙伯醫院……

　　說到這裡，很多人便會問私家醫院收費如何預算？這是非常難回答的問題。因為私家醫院只能提供房錢的價錢，其實房錢以及醫生費只是佔每日收費的小部分，護理費用以及藥費是最難預算的，越多項目需要護理就越貴，例如要護理喉管，傷口護理，另外藥費是非常天文數字的，單是用抗生素已經可以用過萬元一日，絕對不是大家想像的那麼簡單。如果只是簡單護理以及少量藥物的話，大約都要港幣幾千元至一萬元一日，所以一個月超過港幣十萬元都是等閒事，這個是大家必須要知道的。

3. 自圓其說的「蟻竇論」

經常有病人問自然療法的問題，由於自然療法學派眾多，如果聽取病人形容療法的方法後，覺得風險不大的話，一般都不反對使用。但近年自然療法學說越來越進取，不但誇大其療效，更攻擊西方醫學，用長篇大論非正規的理論解說西方醫學如何毒害病人，從而游說病人放棄西方醫學，單獨採用自然療法，由於當中有些理論實在太「膠」，實在忍不住口，要同大家高談「膠」論！

恐怖的「蟻竇論」

當中最恐怖的佼佼者就是「蟻竇論」。有學者形容腫瘤就有如一個蟻竇，如果使用化療的話，尤其是使用卡鉑的化療，就會將整個蟻竇打散，變相加速病情惡化，所以死得更加快，所以一定唔可以打化療。

如果真的是要將腫瘤形容是一個蟻竇的話，即使沒有開始治療，蟻竇裡面的螞蟻亦會四圍走的，因為沒有治療的腫瘤，本身就是極具侵略性的，要透過入侵主要器官造成器官衰竭才會「攞人命」！所以大家才會咁驚腫瘤。因為唔醫腫瘤係會死嘅，即係話，沒有治療腫瘤，蟻竇的蟻即使不用化療都係會周圍走，所以根本唔係化療踢散個蟻竇！

「化療」就好像殺蟻藥，經血液走勻全身，即使手術已經把蟻竇清除，個別螞蟻仍可以周屋走，化療就好像在全屋每個角落灑殺蟻藥；「電療」就好像在個別重災區作地氈式殺蟻，只是殺蟻藥不一定有效。如果殺蟻藥無效的話，就會給人一個感覺用藥衰過無用。其實，只要你選擇任何一種治療，如果成效不是預期之內的話，很容易就會給人一種治療

反而令病情惡化的感覺，所以醫患溝通從來是非常重要的。**要讓病人清楚明白自己病情，用藥的選擇以及有機會出現的副作用，制定合理期望便能減輕誤會。**

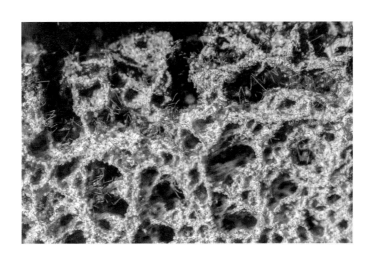

勿因擔心副作用而錯過治療的黃金時間

其實在舒緩病房內，亦見不少病人只用自然療法醫病而效果不理想，並不是用自然療法就一定藥到病除。況且，療法不理想的病人，一般多未有機會跟他人分享，因為他們都已經非常虛弱了。

當然，部分病人從一而終都非常抗拒使用西藥，尤其是年長的病人，他們都希望以生活質素為重，所以即使病情惡化，他們也慶幸未受西方醫學療法的副作用影響。我們一般都非常尊重病人的決定，但是有一些年輕病人誤以為自然療法才是真理，當他們向西醫求助的時候，已經是「蘇州過後無艇搭」，因為已經錯過了治療的黃金時候，肝腎功能已經不能再負荷任何抗癌治療，到最後未能適合嘗試使用一些比較大機會控制病情的藥物，情況十分可惜。

我絕對明白，病人及家人的角度來說，並不是要分「西醫 Vs 自然療法」的誰是誰非，他們要的是最小副作用，最大成效的治療方案，因為不容有失！試問世上又是否有這麼完美的方案呢？試問這個世上是否有一些投資方案是低風險但高回報的呢？如果將這個例子打比喻成投資的話，大家很容易就會覺得這些是騙案！但當這些情況發生在醫病的時候，為何大家會變得不理智呢？

平衡一個合理風險來進行一個成效比較高的治療方案，是每一位負責任的醫者應該為病人做的，因為治療嚴重的疾病從來都是沒有捷徑的。

4. 駐院醫生 Vs 掛單醫生

經常有病人問「駐院醫生 Vs 掛單醫生」嘅分別，因為大家都係私家醫生。選擇心儀主診醫生嘅時候，究竟有無咩影響。

一般而言，駐院私家醫生只會在駐守的醫院照顧病人，不會到其他醫院。相反，掛單醫生一般都會走好多間私家醫院，他們一般都有自己的診所，而診所通常都不是在醫院裡，並不是每一個私家醫生都掛盡天下所有私家醫院。基本上每個醫生都有自己嘅地頭，有醫生喜歡港島區；有些醫生喜歡九龍或新界區；有些醫生走盡咁多區。

哪些人會選擇駐院醫生？

· 自己所喜歡的醫生是駐院醫生。

· 鍾意名牌醫院。有些病人是揀醫院，不是揀醫生為主的。

· 喜歡到比較近自己屋企嘅醫院，因為比較方便。那麼便要根據附近的私家醫院有沒有腫瘤科駐院醫生，然後在有關醫生當中再選擇。

· 受保險限制要到某些特定醫院才有特定保障。

一般而言，駐院醫生在醫院有特定的優勢，Book 床有優先權，但係如果醫院無床，要去其他私家醫院的話，病人便要向其他醫生求助。而且，並不是每個地區都有私家醫院，所以不一定近自己屋企。

哪些人會選擇掛單醫生？

喜歡揀自己所喜歡的醫生的病人便要根據醫生在哪間私家醫院掛單來選擇私家醫院的住院服務。好處是有機會做私家醫院 KOL，因為有機會要跟醫生四處漂泊；有機會試盡全港九新界……講笑！其實私家醫生都唔想四處走，除非有隨意門，因為塞車都用好多時間。由於疫情嘅關係，最近也要不斷搬龍門，因為收症規矩日日改，結果被逼都可能要走好多醫院，因為一間收唔到就要試第二間……其實醫生都要四處漂泊。

講到最後，醫患關係像極了愛情，都係緣分嘅問題。很多時候都由原先嘅主診醫生轉介畀另外一科嘅醫生，又或者身邊朋友或者家人介紹，所以都不是因為駐院唔駐院嘅問題，今日寫咗嘅並唔係要教大家點樣去揀醫生，只係想大家知道兩者之間嘅分別。

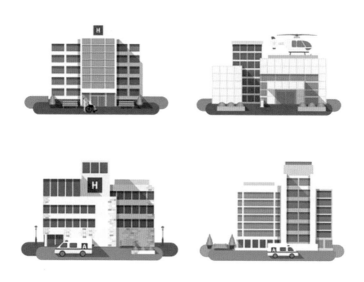

5. 癌症病人應該如何自救？

好多人都希望知道最新嘅癌症治療資訊，希望可以更有效控制癌症，甚至根治癌症。

近年來最多人提及嘅就係免疫療法，免疫療法最吸引人嘅地方，一方面係越嚟越多臨床數據顯示其成效；另一方面亦都是因為副作用相對比較溫和，當中最吸引人嘅地方，係免疫療法嘅理論在於透過使用藥物「重新啟動」自身失效對抗腫瘤嘅免疫系統，這是眾多抗癌治療理論中最合理的方向，但是醫學界仍努力尋找哪些人最適合用哪些類型的免疫療法。

其實，即使是醫學發達，人類對免疫學知識仍然停留在皮毛階段，可能仲要一段非常長的時間才能對這個配對過程掌握得更加極致。整體而言，免疫療法對大部分腫瘤的成效仍未是說得上非常高，而且免疫療法非常昂貴，並不是人人能負擔，所以都令人非常頭痛！

壓力與人體免疫力有關

如果將一個人打比喻成一隻船，形成腫瘤就好像一隻船嘅船底破了一個窿在漏水一樣，處理不當的情況就會沉船。治療腫瘤就好像幫隻船排走漏入隻船嘅水，越有效嘅治療即是越有效嘅排水方法，就唔會咁快沉船，但其實最有效嘅方法係排走水嘅同時，要封咗正在漏水嘅窿！！

隻船之所以有個窿，就是免疫力的缺口，腫瘤的形成其實是要有千千萬萬個巧合，每日正常細胞都有很多嘅基因突變，如果當中有一些壞嘅突變嘅時候，會有自我修復機制處理問題，當這個系統出現問題嘅

時候就會累積壞嘅突變而形成腫瘤！所以醫病的同時，努力改善免疫力可以令治療效果事半功倍！

免疫力下降的原因

一路以來，科學家及醫學界都有好多唔同嘅理論分析**人類免疫力下降嘅原因，大概可以概括成以下原因：壓力、營養唔均衡、缺乏運動、吸煙飲酒、過多添加食物，以及濫用抗生素有關。**其實絕大部分有腫瘤的病人，本身都有良好嘅生活飲食習慣，所以壓力和缺乏運動似乎都係最多人隻船嘅窿！

其實，**壓力反應係人體保護自我嘅機制之一**，例如遇到突發情況，壓力激發體能嘅變化有助人類逃生。當生病時，壓力可以鞭策免疫系統提升抗病毒抗細菌嘅能力！但現今最大嘅問題係，太多人「長時間」活在「高壓」嘅環境，長期嘅壓力令到免疫系統出現負荷，當真正有病嘅時候，例如遇上形成腫瘤嘅時候，個免疫系統「鞭極都鞭唔起」，完全發揮唔到應有嘅作用！

所以**正視壓力嘅處理，適當嘅運動，均衡嘅飲食都係癌症病人適合嘅自救方法！**但要切記，過分緊張這些方法又會造成壓力（變相自己中自己計），所以要收順 D＋戒做爛好人＋適量地自救才是最好封船窿的理想方法！要記緊，一日唔封好個窿，所有嘅治療效果都唔會持久，因為大部分嘅癌症治療都係治標唔治本嘅方法（食咗誠實豆沙包嘅腫瘤科醫生，最叼倒自己米），要治標治本一定要自己努力！

P.S. 如果有一日真係癌症絕跡，我會好開心我失業，大家不用擔心我，以我嘅技能我仲可以做到好多其他工種。

6. 癌症病人如何可以瞓好 D？

經常有癌症病人非常苦惱無覺好瞓！擔心失眠又會影響病情，但又不想依賴安眠藥，結果形成惡性循環（失眠影響情緒，情緒是所有病症的放大鏡，結果晚上又受到病症的困擾……沒完沒了），究竟有無一些方法可以幫到病人不用安眠藥？今次試下同大家分析幾個有關改善 Sleep Hygiene（睡眠衞生）的範疇，希望可以幫助大家有一覺好瞓，抗癌都輕鬆 D！

Effort —— Reward Imbalance

好多人以為，要瞓一覺好，第二日先至可以有力氣做嘢，有精神打仗！但實情係要日間適量地工作，睡眠才是回報！所以失衡通常有三個情況：

- **第一個情況係缺乏 Effort**！有好多病人職場上都非常勇猛！一旦確診腫瘤便急停下來，在治療期間休養身體，無論 Physical（體力上）或者是 Mental（精神上）都大幅削減 Effort！所以晚上便沒有應有的 Reward 了。可以的話，不妨睇下書做下運動，藉著呢個長假期重新調整自己嘅人生方向，便可以增加 Effort 了！

- **第二個情況係過量 Effort**！過量的 Effort 對身體造成負擔如造成頸緊膊痛，周身酸痛，亦會造成精神上負擔，例如精神緊張，引發焦慮或抑鬱等問題，從而影響 Reward 即質素（影響達至深層睡眠效果），感覺瞓咗等於無瞓一樣！癌症病人竟然過量Effort！？其實很多癌症病人幫自己定一個很高的目標！一方面

要盡快趕走癌症；另一方面要盡快重過新生！！自己 Set 了個局比自己而不自知！結果食飯又大壓力，瞓覺都好大壓力！所以正視及定時調整壓力是非常重要的！

· **第三個情況係提早攞 Reward !** 如果午睡過長的話，便會影響晚上的睡眠質素，所以小睡片刻，千祈不要貪心。

認識生理時鐘

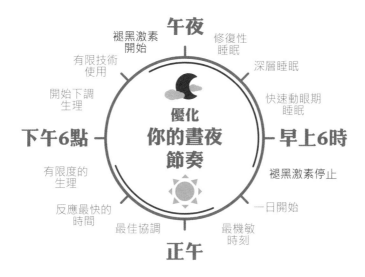

經常有病人問，是否可以服用 Melatonin（褪黑激素）來代替安眠藥？因為副作用小，上癮機會亦都少一些。褪黑激素（Melatonin）是一種與生理時鐘有關的荷爾蒙，透過提升體內 Melatonin，大約兩個小時後，便可以幫助入眠（越高分量的 Melatonin，理論上越快可以入眠。大部分用來改善 Jet Lag。現在越來越多人用於處理失眠的狀況）。

對於癌症病人而言，Melatonin 可能干擾抗凝血劑、免疫抑制劑、非類固醇消炎藥 NSAIDs 及化療藥物，所以最好要同主診醫生商量是否適合服用。但其實大部分的腫瘤病人都不喜歡用藥物來改善睡眠，因為本身已經需要服用大量藥物！

那麼有甚麼方法可以改善自身的 Melatonin 呢？

1. **多做運動** —— 研究顯示運動可以提升 Melatonin 水平，亦可以重整生理時鐘！

2. **適當時候起床** —— 瞓到黃朝白晏會將整個生理時鐘滯後。

3. **五時後限制攝取咖啡因。**

4. **睡前兩小時開始下調燈光亮度。**

5. **睡前兩小時避免睇電視，使用手機。**

註：所有的光線，包括藍光也會減少自身的 Melatonin ！

認識睡眠週期

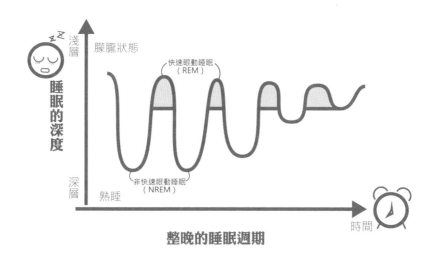

睡眠週期係生理週期嘅一部分！睡眠能夠分為不同的階段：非快速眼動睡眠（NREM，Non-rapid Eye Movement）和快速眼動睡眠（REM，Rapid Eye Movement）。

整晚的睡眠由這兩個階段循環交替組成。在深層睡眠的時候，心率、血壓、體溫、呼吸頻率會逐漸下降，很多對人體有益的生理過程都在這個階段發生，例如生長激素的分泌，精力的恢復，身體的復原和修復等（這些元素都是對癌症病人非常有益的！）

當我們入睡後，我們的睡眠會首先由進入 NREM 階段，大約在入睡後的六十至九十分鐘，會出現第一個 REM 睡眠，之後再重複 NREM 睡眠。整個晚上，我們的睡眠大約有四至六個這樣的循環，期間深層睡眠會減短，而 REM 睡眠則會越來越長。我們大約一半的睡眠都在第二階段，當中深層睡眠佔了整晚的約 20%。

研究顯示，運動除了可以提升 Melatonin 水平，也可以增加深層睡眠的比例！不過要小心，避免在睡前兩小時運動，因為運動能增加 Endorphin 水平，令大腦保持清醒，而且運動會提升體溫，亦會影響睡眠質素，所以記緊做運動也要揀適當的時候！如果想在睡前做些運動的話，可以考慮拉筋，幫助紓緩繃緊的肌肉，有助改善睡眠質素！

另外，睡前放鬆的練習，例如靜觀都有助改善睡眠週期！

認識自己身體嘅狀態

癌症病人比一般嘅人更加複雜，一方面有部分癌症病人係長期痛症病患者，止痛藥服用不足引發長期痛症影響睡眠質素，所以要適當使用止痛藥物。

另一方面，大部分病人都有胃炎的狀況，導致晚上胃酸倒流，引發晚上咳嗽繼而影響睡眠，要適當地使用胃藥，如胃酸倒流情況嚴重，睡前兩小時盡量避免進食，亦需要墊高床板睡眠！

有些腫瘤病人要服用抗荷爾蒙治療引發潮熱，或者用利尿藥物導致晚上多小便的情況，從而影響睡眠質素，有機會要調整藥物。所以要跟主診醫生保持良好溝通，希望以最少量的藥物達致最佳的效果。常見情況，每個腫瘤病人同時有不同科的醫生照顧，導致 Polypharmacy 的情況，一方面嚇怕病人，令病人有需要的時候害怕服藥，因為食藥多過食飯！另一方面亦增加多重藥物所引起不必要的副作用。其實歐美國家都開始建議 Integrative Medicine（綜合醫學），即是使用西醫以外的其他療法來處理某些症狀，希望能提升治療效果之餘，減少用藥引起之副作用！

認識自己嘅心理狀態

　　癌症病人是長期病患者，長時間嘅鬥爭身心俱疲，容易引發焦慮及抑鬱而不自知！抑鬱常見嘅症狀就係失眠，抑鬱有關嘅失眠不可以單靠改善 Sleep Hygiene，因為精神狀態已經出現病態！所以必須適量使用情緒藥物和安眠藥以打破惡性循環，同時透過其他方法治標治本地改善心理狀況。

　　今次文章非常長！因為這個是非常複雜的題目！希望小小分享能幫到部分病人！

P.S. 曾經遇過有些病人有失眠的情況，但是仍然時刻都精神奕奕，這可能是因為他們有短睡基因，得天獨厚，瞓得少，但都夠 Refreshing！大家唔恨得咁多！

7. 如何鞏固抗癌治療效果？切勿忽視復康黃金期！

對於乳癌病人來說，完成手術後還要經歷化療、電療等等有期徒刑，感覺有如「唔死都一身殘」！身心靈都未回復好就要面對復工，有好多病人其實都頂唔順，但係身邊嘅人又覺得佢哋已經好返晒，唯有頂硬上（身體狀況大不如前，但要面對 100% 未有病之前的 Workload！），結果好快出現情緒問題！

一旦出現情緒問題便會牽連甚廣！一方面情緒問題會導致失眠，加重治療後遺症嘅症狀，影響個人運作從而進一步打擊情緒，出現惡性循環！長時間漠視自身情緒需要導致抑鬱症，減低身體免疫力亦會有機會對病情造成負面影響！所以一定要小心處理剛剛完成治療，面對復工後的身心靈狀態！感覺上，治療成功與否？某程度跟這個關口是否處理得好很有關係！（當然，我手頭上沒有任何醫學數據證明這一點，只是從臨床經驗觀察得來的。）

復康黃金期的關注

剛剛完成治療的頭六個月至幾年身心靈嘅護理絕對不能被忽視，甚至可以形容為「復康黃金期」！已經見過很多病人在這個階段情緒崩潰，導致長期情緒問題，甚至影響家庭運作！這個階段之所以被忽視是因為已經完成治療，並沒有病假可以繼續休息，但是身體仍未完全復原，仍然有很多治療後的副作用例如手痹腳痹、周身骨痛、潮熱、無記性、持續疲倦感、失眠……還有經常受到焦慮惶恐突襲，經常擔心自己復發（正在治療期間，總是覺得治療正在發揮功效，所以反而擔心不大！）

對於這個「復康黃金期」，腫瘤科醫生能做的其實並不是很多，我們比較精於抗癌治療！而且我們用藥為主，既然係復康階段，當然是藥用得越少越好，所以其他「非西醫」方法比較適合，即是 Integrative Medicine（融合治療），透過靜觀、心理輔導或者中醫介入都是現在常用的方法！只是有很多病人不清楚需要正視這個「復康黃金期」，腫瘤科醫生便是擔當起提點，以及監測成效的那個角色了！

介入治療幫到你？

每年都有不同類型嘅腫瘤學大會，正如 2020 San Antonio Breast Cancer Symposium 有學者發表靜觀（Mindfulness Meditation）和康復病人教育（Survivorship Education）有效減輕年輕乳癌病患者治療後六個月至到五年內出現輕微抑鬱症狀，50% 康復者在介入前有輕微抑鬱症狀，經過三至六個月介入後情況得以改善，只有 30% 患者仍有輕微抑鬱症狀！這些都不是藥物治療介入，符合很多病人的基本要求，所以非常適合大部分癌症復康病人！

其實香港有很多這些類型的介入治療，只是有很多病人不清楚自己需要這些介入，或者不清楚從哪些地方可以找到這些幫助！

經常提及，患上癌症就等於人生的一個 Pause！如果處理得宜，這個是一個「靚 Pause」！一個讓自己了解自己人生的需要，一個短 Break，重新思考，重整步伐，重整方向，一個改變人生的「靚 Pause」！千祈不是讓自己白捱治療！

8. 醫生醫生我好亂啊！個個講嘅嘢都唔同，我應該信邊個好？

一旦確診癌症，就好像世界末日一樣。一方面要消化負面消息，調整心情；另一方面要積極治療，希望早日康復，同時亦要為自己，為家人，為工作作下一步打算。每一分每一秒都喺度諗緊嘢，所以好希望可以盡快解決呢件事，盡快過返 D 平安嘅生活。

一知半解帶來的錯亂

現在網上資訊發達，好容易畀人一種感覺要清楚一件事，只要上網瘋狂搜查就可以有一個假象覺得自己真係完全了解。如果本著一個心態要尋求最好，但係無乜副作用嘅治療的話，思想路徑以及行為模式都很容易畀人利用，尤其是當你要在極短嘅時間而又身心俱疲的狀態下，尋求解決嘅方案，幾咁精明嘅人都會喪失理智。

每個人嘅病情唔同，對治療嘅反應唔同，每個病人身邊嘅支援亦都有唔同，即使是同一個病，即使是治療嘅方法相同亦會有不同的效果。有些病人即使沒有接受治療，其惡化的速度，也可以比正在接受治療的病人慢，究竟這些情況是因為治療的反效果，或是另外的病人本身病程緩慢？

當中如何得出結論，每個人眼中所見到的都會因為自身嘅遭遇而演繹有所不同，所以即使是同一件事，病人及家人嘅感覺與醫生嘅睇法會有些出入，原因是病人沒有足夠的醫學訓練，倚靠網上不盡不實的資訊，以及身邊沒有醫學背景的朋友的道聽途說，就會出現這個觀點與角度的問題，引起不必要的誤會。

解決嚴重健康問題是一場戰爭

首先，地球上尚未有治癌的仙丹！大家都正在努力尋求治療成效機會率比較高，副作用比較低的方案，希望在可以承受副作用的大前提底下，盡量根治／控制癌症，從而改善病人的生活質素，希望大家可以盡量正常地過日子。由於治療嘅選擇眾多，西醫、中醫、自然療法……即使是西醫，見不同的醫生亦可以有不同的建議，所以總是令病人及家人覺得非常混亂，覺得唔知信得邊個好，感覺有如在賭枱上賭一鋪，如果賭輸咗就會遺憾終身，因為感覺有如輸身家。

其次，要解決嚴重嘅健康問題。用科學及數據統計嘅方式往往能夠提升這個情況上的贏面。因為，解決健康問題從來不是單純賭博，是一場戰爭，懂得調兵遣將才能增加勝算！醫學從來都是極深嘅學問，由實驗室到臨床研究抽絲剝繭來作出定論，排除每一個結論／每一個醫學建議嘅發生並不是撞彩，不是偶然發生出來的。

要了解醫學數據，尤其是臨床應用絕對不是單靠 Google 可以了解到。因為，即使是一般有科學背景的人，也可能以為自己所了解的科學就是醫學，自己斷章取義亦未能自我發現。醫學不是單純科學，不是只是停留實驗室的層面，不是停留在老鼠實驗的層面，「臨床應用」是另一個層次，所以大家要小心！要知道在網絡世界，只要你能夠 Vocal, Presentable，你就是專家，就是 KOL！網絡上的專家！但不是醫學權威的專家，「That's the difference!」

在舒緩病房之內，不難發現即使是接受非西方醫學治療，病情並不是大家想像的受到控制，而且到了病人最後期的時候，身體最不適的時候，往往都是在醫院裡接受照顧，並不是他們所相信的學者能夠照顧他

們，這些情況又有多少人知道？這些病人，又有多少個能有氣力和心情在網上暢所欲言，跟其他人談論他們所受的苦呢？與其在傷口上灑鹽，倒不如專心幫病人如何舒服點吧！

絕對明白病人及家人焦急的心情，不忍心見到病人受苦，所以這篇文章絕對不是游說大家只信西醫，只想抒發一下所見所聞的感受。

9. 醫生指引系列：影像報告

還記得在醫學院迎新營的時候，師兄們曾經提及過，學醫嘅其中一個精髓，就是要用非常深奧的詞彙，只有自己睇得明而其他人睇唔明才能讓人覺得「Professional」！這個當然是笑話！因為醫學本身真的是非常深奧，所以總是覺得自己明白而病人唔明白只是學醫的初階，行醫的進階版應該是能夠令病人明白他們的報告，他們的病情，因著了解而減少不安。縱使前路崎嶇，看得見的路總比看不見的路易走！亦都容易作準備、打算，減少失去預算的情況。

影像報告裡的故事

經常發現病人會在影像報告上用鉛筆寫下翻譯成的中文，結果滿滿的英文字對上還有滿滿的中文字，即使查晒字典，每個字都識，病人都總是睇唔明份報告講 D 乜！所以影像報告是屬於醫生指引系列之一，一定要有功力才可以將不同的專有名詞結合成有意義的解讀！

有好多人覺得好煩惱，為何一份影像報告例如電腦掃描（CT），磁力共振（MRI）或者正電子電腦掃描（PET-CT）能夠多達三至五版紙，而且結論的時候總有很多地方有問題，但是醫生總是說沒有大的問題！這些都是很多病人覺得煩惱的地方。其實，現在的影像掃描是那麼精確，每一個器官都看得這麼清楚，的而且確放射科醫生需要將每一樣見到的都要匯報，很多病人覺得一個正常的報告就是整個器官完美無缺。其實隨住年紀增長，每個器官都好像皮膚一樣會有歲月的痕跡！大部分的歲月痕跡都是良性增生的問題。

經常同病人打比喻，每個人在小朋友的時候皮膚猶如剝殼雞蛋一般幼滑，隨著年紀增長，便有很多暗瘡疤、色斑、癦……由於皮膚是每個人都能夠看到的地方，面對皮膚有這些歲月的痕跡，我們都一般不以為然，覺得這些轉變是正常的；相反如果這些歲月的痕跡發生在其他器官——乳房（良性水囊、良性鈣化點）、肝臟及腎臟（良性水囊、血囊）、甲狀腺（良性增生）、肺部（之前肺部感染所引起的傷疤）、子宮（肌瘤），只是掃描將它們浮現於病人的眼前，就等於眼見的皮膚一樣！所以並不是報告詳列的每一點都是有問題的！

定時檢測慎防危機出現

話雖如此，亦要小心當中是否暗藏危機！因為有一些病灶可能一開始並不起眼，有如良性增生，所以如果有需要的話，放射科醫生都會在報告註明需要繼續跟進！這一點大家要注意的。例如對於一些比較微小的肺部陰影、肝膽胰的陰影，如果一開始報告影像未能斷定是有惡性問題的話，一般都需要定時定候再安排複檢以確定陰影的穩定性，透過持續監測而沒有進一步惡化才能界定為良性問題。

另外，如果持續有病徵而掃描報告沒有問題的話，可能要考慮進一步用第二種方式的影像來排除問題，因為各種影像都有他們的優點和缺點，並沒有一種影像檢查是天下無敵，基本上是互補不足的，切記要注意！

最後，必須提醒的是，千萬不要把電腦掃描取代腸胃鏡！！因為腸胃管道的瘜肉，即是癌前早期病變是不能透過電腦掃描監測的，只有形成癌症又有一定大細的腫瘤才能展現在掃描，切記要小心！

\#一嚿雲　\#醫生指引系列

10. 有淚多好

《如何掉眼淚》是一首情歌，但同時亦是情緒問題的寫照。在適當的時候流眼淚是平衡情緒的最好方法。如果在傷心的時候不懂得流眼淚，不是堅強的表現，而是不懂得放負的表現，是情緒失衡的表現。

之前曾經寫過一篇文章跟大家分享我很喜歡的一套電影——《玩轉腦朋友》，主要講述大腦的控制台由五大情緒主角樂、愁、燥、憎、驚主宰。一個健康的大腦缺一不可，不懂發愁的人就等於控制台 Out of Order 一樣，表面 Cheerful，卻失去放負的功能，因為愁的表現才能釋放信號讓身邊的人主動關心你，讓心靈得到適時的安撫，單靠一人之力放負需要非常大的力氣以及更長的時間，久而久之大腦便會失控，便是所謂的「情緒病」，會拖垮情緒以外其他的大腦功能，繼而影響整個身體的機能。

當然，並不是建議大家要逼自己流眼淚，不是打從心底裡的感觸或感動而流出來的眼淚都是白流的，都不會在流淚之後感到身心舒暢！只想提醒大家留意自己，是否遺忘如何掉眼淚來放負？究竟真的是忘記了如何掉眼淚，或是沒有適合的渠道／對象？前者可能已經是情緒病的徵兆，可能需要藥物介入解燃眉之急，然後再慢慢地進行心理輔導才能慢慢回復正軌。

其實腫瘤與情緒病經常互相牽致惡性循環！擊破惡性循環往往要從情緒入手，要好好學習認識內裡的另一個自己，透過流淚好好釋放另一個自己，從而放過自己，所以今天我想同大家唱一首我很喜歡的歌《有淚多好》，一首每一次聽完很容易令我感動流淚的歌，我的放負歌。

11. 保健產品一定保健？

經常發現，有好多病人同時進食大量保健產品，希望盡快病好或者更加健康，其實這些保健產品是否只有益無害？首先，作為醫生嘅我一定唔會依賴保健產品，因為每種保健產品都係一種藥，雖然每一粒／包產品內的主要成分不是藥，但卻有同樣有的賦形劑！而且這些賦形劑的成分甚至很大機會超過主要成分，這些都是很多人不清楚的！

甚麼是賦形劑？

藥物／保健產品中通常以有效成分（Active-ingredients）及非活性成分（Inactive-ingredients）所組成，其中非活性成分又稱輔料（Excipients，或稱「賦形劑」），一般是天然或合成物質（可以是動物、植物、礦物或化學合成）。它具有一飾多角的功能，從而提升藥物中有效成分的作用：

1. 稀釋有效成分幫助胃部吸收。

2. 幫助錠劑成型（錠衣）於胃部釋出有效成分。

3. 粉末或非黏性物質來處理有效成分，維持藥物於有效期限內不會產生變化。

4. 添加色素改善外觀。

5. 調味劑添加口感或味道。

6. 防腐劑。

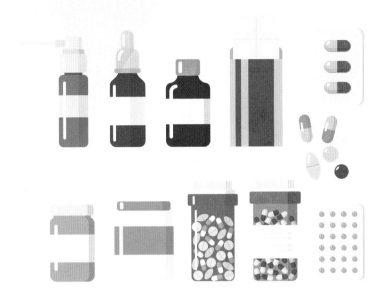

吃過量營養的陷阱

每食一粒保健產品,其實已經食咗好多無關痛癢的成分!!如果均衡飲食的話,在香港這個發達的城市營養絕對不會欠奉,為咗食對身體多餘的營養,但食多咗化學物,究竟係咪真係健康 D!!??而且,這些無關痛癢的添加劑亦不是完全無副作用!!越來越多數據顯示,其實有很多人對這些添加劑有敏感反應,所以有好多人所謂的無明腫毒,其實可能是因為吃下這些保健產品引起的!亦有些人因為有乳糖不耐症而對當中的乳糖成分有所反應,繼而肚屙。

另外,過分補充某些營養亦可能本末倒置!過量綜合維他命而產生急性中毒症狀主要包括噁心、嘔吐、肚瀉等腸胃方面的反應。而在眾多維他命的種類中,以 A 及 D 的潛藏中毒危機最大,因為他們是脂溶性維他命,並不迅速地從尿液中排出,部分更會被儲存在肝臟和脂肪組織,

過量服用因而累積，引致毒性反應，曾經有小朋友因為吃過量維他命 A 中毒而需要換肝。至於水溶性維他命如 B 及 C 經身體吸收及同化後，會從尿液排出，不易積聚，但過量仍可以引起中毒症狀。

除了過分補充營養有機會中毒，當中有效成分易有風險被污染，例如魚油丸有機會重金屬過高，將來甚至要檢測是否輻射過高！但是，現行還未有法律規管保健產品如何達成質量保證，這個絕對是隱憂。

保健產品的隱憂

其實保健食品市場龐大，可以過億元，利潤非常可觀，保健產品不是藥物，不需要受到衛生署監管，與一般藥物發展不同。藥廠需要投放超大量資源（要經過一系列研究，由實驗室細胞實驗開始，老鼠研究後再做臨床研究，還要經歷第一階段、第二階段及第三階段，需時通常超過十年）來核實某些藥物是有用，才能推出市場（當中亦有不少失敗案

例，血本無歸），所以開發保健食品本少利大！

如果是醫病需要，當然需要用藥物，同時亦要服下那些非活性成分，這個是無可避免的，因為要保命。但是，保健產品大部分美其名補充營養，從而改善體質，促進健康。一般依照的數據是實驗室數據，再簡單一點來說，就是我們西醫常說的不入流數據，因為人體博大精深，某種成分對一粒細胞有用，並不代表對個器官有用，亦不等於對人有用！！！

長篇大論談保健品，是因為唔忍心見到大家食藥多過食飯，以為有益，實是過多的營養不見有益，建議大家適量地服用！其實，健康從來無捷徑，不可以用錢買健康，不可以食幾粒好貴的保健產品就可以抵消不良飲食習慣和欠缺運動的禍害，亦不是越貴越好！地球其實真係好危險，食天然食品又驚污染，食保健產品又幫不到忙，但是在這個地球內人人平等，與其怨天尤人，不如坐言起行，好好為自己及家人在這個危險的地球內「Damage Control」，即是以最小的傷害，繼續開心地活下去，大家一起努力！

#圖文不符　#人生總是充滿疑問

Ref.：

https://www.derc.org.hk/en/medic-world-detail.php?id=107

https://zh.wikipedia.org/wiki/賦形劑

https://www.nps.org.au/assets/03cccf6d672e3da1-9a8d5cf3163e-23fe0723d32447196d9902a78
1383c6f8ffb502d9958db960ba8e8bff0ad.pdf

12. 潮流興用 CBD Oil，對癌症病人有無幫助？

時代不同，除了要 Update 最新嘅醫學資訊，還要 Update 市場最潮流嘅資訊！經常被病人問五花八門的保健資料，有時真係口啞啞，與其說不知，不如用專業知識幫一幫大家 Fact Check 一下。一方面又幫到大家；另一方面又學到嘢，一舉兩得。

即使係醫生，聽到 CBD 一開始都有種感覺，以為是一般犯法嘅大麻，但病人又點會犯法呢？首先，大麻植物含有超過一百種大麻素，只有兩種最多人講！**THC 和 CBD，而 THC 才是犯法的大麻素。**

甚麼是 THC 與 CBD？

THC—— Tetrahydrocannabinol（四氫大麻酚）可以令人 High High 地，好 Relax，會令人上癮！美國亦有使用這些配方來幫癌症病人止嘔，但 THC 在香港是不合法的，而且 THC 對比其他止嘔藥成效亦不是特別出眾，所以香港亦無需要引入這類型的藥物幫助病人。

CBD—— Cannabidiol（大麻二酚）不會引致上癮，不會有提神作用，所以在香港使用是合法的！有不同的初步數據顯示 CBD 可以刺激體內的大麻素受體（Cannabinoid Receptors），有機會平復情緒，幫助減壓，似乎有機會幫助壓力大的癌症病人放鬆心情。

但是 CBD 是否真的有數據證明這個理論有效？另外，CBD 有沒有跟其他抗癌治療有衝突？而且 CBD Oil 或其他食品對癌症病人有沒有存在風險？

關於 CBD 的一二事

CBD 醫學功效：現在唯一 FDA 認可 CBD 的治療效果是用於癲癇治療藥物，並沒有有力數據支持 CBD 有任何抗癌效果，亦未有有力數據證明 CBD 可以有效幫助癌症病人舒緩焦慮情緒。

CBD Oil 有沒有機會同其他抗癌治療有衝突？答案係「唔知」。因為醫療數據欠奉！如果病人在治療期間想試用 CBD Oil，便要緊密監測病人所有狀況，以確保沒有額外不良反應。

CBD Oil ／其他食品對癌症病人有沒有存在風險？暫時沒有太多數據建議 CBD 的安全劑量。一般都不建議孕婦、小兒、老人家及長期病患使用，通常建議每天不超過六十毫克，如服用後出現不適便要立即停止使用。由於癌症病人除了抗癌治療藥物外，還有其他多種藥物輔助治療例如安眠藥、血清素、鎮靜劑等等，所以要非常小心。

至於其他 CBD 食品，癌症病人便要注意食物標籤，小心攝取過量糖份！另外，由於難以確定是否單純含有 CBD 成分，如果當中有少量 THC，即屬違法（因為提煉過程當中，很難確保只是能抽取 CBD 成分，所以大家要非常小心）。

總括而言，**純正 CBD Oil 不屬違法，適量應該對身體無害，有機會幫助病人 Relax**，但要小心有沒有跟其他藥物或抗癌治療衝撞，這些都是給大家的溫馨提示。

Ref.：

https://www.nd.gov.hk/pdf/CBD_Information_Note_English.pdf（《危險藥物條例》有關 CBD 的資料）

https://www.mdanderson.org/cancerwise/cbd-oil-and-cancer-9-things-to-know.h00-159306201.html（美國權威大型醫學機構有關 CBD 的見解以及建議）

13. 政府有關乳癌普查的最新指引（1）

先跟大家講一講指引之結論，再跟大家詳細講講不同風險群組的建議。

1. **不建議將乳房自我檢查作為無症狀婦女的乳癌普查的工具。** 建議女性應保持注意自己的乳房（要熟悉自己乳房的正常外觀及感覺），如果出現可疑症狀就需要立即求醫。

2. **沒有足夠的證據建議使用臨床乳房檢查或乳房超聲檢查作為無症狀乳癌的普查工具。**

3. **建議採取基於乳癌風險組別的癌症篩查方法。**

4. **對於高風險組別的建議維持不變，** 但對於中度風險或一般風險的建議有所修訂。

5. **高風險組別例如 BRCA1/2 突變的攜帶者：** 需要每年向醫生諮詢並做乳房 X 光檢查。

6. **中度風險組別（家族史有一名直系親屬於五十歲或之前被診斷有乳癌或兩名直系親屬的五十歲以後被診斷有乳癌）：** 建議與醫生討論乳癌篩查的利與弊後開始每兩年進行一次乳房 X 光檢查。

一般風險組別，對於年齡介乎四十四歲至六十九歲之間的女性，或有其他風險因素（家中有直系親屬患有乳癌、有良性乳房疾病之病史、未婚或比較遲生育、比較早有月經、肥胖、缺乏運動⋯⋯）：建議與醫生討論乳癌篩查的利與弊後開始每兩年進行一次乳房 X 光檢查。亦可考慮使用乳癌風險評估工具來制定個人化之篩選方案！

香港大學公共衛生學院正在制定適合香港人使用的乳癌風險評估工具，供給大眾使用。

https://www.cancer.gov.hk/tc/bctool/

乳癌風險評估工具

前言

乳癌是本港婦女最常見的癌症，大概每14名香港婦女便有1名確診入侵性乳癌，罹患入侵性乳癌的終生風險平均值約為6.8%。話雖如此，6.8%的數字並非你個人的風險值。你可通過個人化的乳癌風險評估工具，了解個人風險以便與醫生一起就乳癌預防及篩查作出知情的決定。

由香港特別行政區政府委託香港大學公共衛生學院進行的香港乳癌研究，分析了本地數據，作為研發乳癌風險評估工具(下稱 "評估工具")的基礎。評估工具用以評估本地華裔婦女罹患乳癌的風險，並獲確認適用於香港華裔女性。

根據香港乳癌研究結果及其他現有的實證，癌症事務統籌委員會轄下的癌症預防及普查專家工作小組(下稱 "專家工作小組")修訂了其他一般婦女的乳癌篩查建議(詳情請參閱下文各段)。年齡介乎44至69歲而有某些組合的個人化乳癌風險因素的婦女，其罹患乳癌的風險增加，應考慮每兩年接受一次乳房X光造影篩查。專家工作小組亦建議採用為本港婦女而設的風險評估工具(例如由香港大學所開發的工具)，按照個人化乳癌風險因素，包括初經年齡、第一次生產年齡、直系親屬(母親、姊妹或女兒)乳癌病史、良性乳腺疾病歷史、體重指標及體能活動量，評估她們罹患乳癌的風險。

值得注意的是，對於專家工作小組歸類為罹患乳癌風險達中至高水平的婦女，評估工具無法準確評估其患上乳癌的風險。就此，專家工作小組作出下列乳癌篩查建議：

*乳癌風險高的婦女(即有以下其中一項的風險因素)應徵詢醫生的意見，並每年接受一次乳房X光造影篩查

資料來源：癌症網上資源中心

14. 政府有關乳癌普查的最新指引（2）

有關高風險組別之建議。

1. 如何界定高風險組別：

- **BRCA1/2 基因病變之攜帶者**

- **家族史有乳癌或卵巢癌之風險：**

  → 任何一位直系親屬帶有 BRCA1/2 基因病變。

  → 任何一位直系或次直系女性親屬同時患上乳癌及卵巢癌。

  → 任何一位直系女性親屬曾經患有兩邊的乳癌。

  → 任何一位男性親屬患有乳癌。

  → 多於一位直系女性親屬患有乳癌而其中一位在五十歲或之前確診。

  → 多於一位直系親屬或次直系女性親屬患有卵巢癌。

  → 多於兩位直系親屬或次直系女性親屬患有乳癌或乳癌及卵巢癌。

- **個人高風險因素：**

  → 十歲至三十歲期間曾經接受胸腔放射治療（e.g. 何杰金氏淋巴瘤 Hodgkin's Disease）。

  → 有乳癌病史（同時亦包括零期——DCIS）。

  → 曾經患有非典型乳腺增生（ADH——Atypical Ductal Hyperplasia）。

→ 曾經患有非典型乳小葉增生（ALH——Atypical Lobular Hyperplasia）。

2. 適合高風險組別之篩查方法：建議應該跟醫生討論制定以下合適方案

· **每年乳房 X 光造影檢查。**
   建議由三十五歲開始或者根據家族史中最年輕之患者早十年開始，以較早者為準，但不可以於三十歲前開始。
   → 對於 BRCA1/2 基因病變之攜帶者或者十歲至三十歲期間，曾經接受胸腔放射治療之高危人士，建議考慮每年額外需要磁力共振乳房之安排。

3. 有關基因檢測的建議：

· **建議提供基因檢測予家族史有任何一位直系親屬帶有 BRCA1/2 基因病變之高危人士。**

· **對於合乎其他家族史高危因素之高危人士，建議轉介特定機構評估及輔導。**
   → 任何進行基因檢測的人士應在檢測之前需要接受經專業訓練之基因檢測輔導，並確保受檢測的人士清楚基因檢測的利與弊，不確定性以及潛在影響。如基因檢測確定帶有 BRCA1/2 基因病變，應轉介到特定專科診所作進一步輔導及建議，亦應該考慮是否進行預防性質手術或藥物治療。

15. 政府有關乳癌普查的最新指引（3）

有關乳癌中風險組別之建議。

1. 如何界定中風險組別：

- **家族史中有一位直系女性家屬在五十歲或之前患上乳癌。**
- **家族史中有兩位直系女性家屬在五十歲後患上乳癌。**

2. 適合中風險組別之篩查方法，建議應該跟醫生討論制定以下合適方案：

- **考慮每兩年做一次乳房 X 光造影檢查。**
- **不建議用磁力共振乳房作為乳癌篩查方式。**

身體質量指數、肥胖程度與患上嚴重疾病風險的關係參考表

身體質量指數 (Body Mass Index, BMI) = 體重（公斤）/ 身高 ^{2}（公尺 ^{2}）		
分級	身體質量指數	患上嚴重疾病風險
體重過輕	BMI<18.5	低 （對健康有其他疾病的影響）
正常範圍	18.5 ≦ BMI<22.9	普通
過重邊緣（稍重）	23 ≦ BMI<24.9	增加
中度肥胖	25 ≦ BMI<29.9	中度
重度肥胖	BMI<30	高度

P.S. 世界衛生組織認定理想的身體質量指數是 18.5 至 22.9。

參考資料：WHO/IASO/IOTF. The Asia-Pacific perspective: redefining obesity and its treatment. Health Communication Australia Pty Ltd; 2000.

資料來源：https://www21.ha.org.hk/smartpatient/MiniSites/zh-HK/bmi/BMI-Normal/

有關乳癌一般風險組別之建議：

1. 一般年齡介乎四十四歲至六十九歲而具有乳癌風險因素之女士：

- **家族始終曾經有人患上乳癌。**
- **曾經患上良性乳房問題。**
- **從未試過生育／高齡生育。**
- **提早有初經。**
- **BMI 過高。**
- **缺乏運動。**

2. 可以考慮使用風險計算評估工具釐定風險組別（2020 年中已推出香港版本）

3. 適合一般風險組別之篩查方式：建議應該跟醫生討論制定以下合適方案

- **考慮每兩年做一次乳房 X 光造影檢查。**
- **不建議用磁力共振乳房作為乳癌篩查方式。**

（二）醫療教室

1. 腫瘤科醫生的好夥伴 —— 急症科醫生！

腫瘤病人經常都會出現急症的情況，例如發燒、癲癇、休克，突發性出血……所以腫瘤科醫生經常都要處理緊急情況，但大部分時候腫瘤科醫生都在診所照顧病人。如果有病人需要緊急入院的話，實在難以抽身兼即時到醫院照顧，所以需要叫病人先行到急症室，再由急症室醫生先行處理，穩定病人情況，然後等待腫瘤科醫生完成手頭上的門診工作後，再到病房繼續之後的照顧。

其實急症科醫生真是周身刀，擁有十八般武藝，因為要他們幫手的又何止是腫瘤科，其實每一科都有緊急情況，絕大部分的病人遇上緊急情況都是直接去急症室處理，所以急症科醫生要樣樣都識。

最近上了一個 Course，由急症科學院舉辦，關於如何使用鎮靜療法，實在令我大開眼界，因為我一向都以為這些都是麻醉科才使用的。原來香港曾經出現幾次的醫療事故，都是因為不正確使用鎮靜療法，最終導致人命損傷，所以「香港醫學專科學院」（HKAM）在 2009 年就此發表了一份名為「醫療程序鎮靜指引」的文件，希望透過指引提高醫療程序的安全性，保障大眾的安全！

為何鎮靜止痛療法會關急症科學事？

急症室經常要處理很多緊急醫學程序，除了要止痛外，還要鎮靜病人才能達致最佳效果。例如幫小朋友聯針，處理甩骹的情況。如果不是

由急症科醫生處理的話，病人要等到上到病房，可能要第二天才能處理到，所以急症科醫生都要非常熟悉使用鎮痛藥物！才能快、靚、正幫到更多病人！

其實每一個專科都正在急速發展，都在不斷進步，所以真係「一科唔知一科事」，要時常保持開放的態度，用審慎的態度分析每一件新事，保持同其他各個專科緊密聯繫，才能全方位將病人照顧好！「Team Work 非常重要！」

在這裡，我要向急症科醫生致敬：「有你們，我們才可以在診所專心照顧病人。」

2. 其實腫瘤科醫生做 D 乜？（1）

很多人心目中，只要同腫瘤有關就一定係找腫瘤科醫生，所以要做手術梗係找腫瘤科醫生啦！其實，腫瘤科醫生唔識揸刀！

專業醫生都要分功能性

專科醫生有好多分類，專做手術的叫做「外科醫生」，外科醫生就是日日夜夜在手術室裡面揸刀嘅人！而外科醫生當中仍有好多細分類，盡可能的話都應該找尋擅長處理某些分類的外科醫生處理他們擅長的手術，這些都是很多、一般市民不清楚的。

絕大部分的腫瘤都是先做手術，然後再視乎病理報告，由腫瘤醫生再決定是否需要輔助的化療、標靶、免疫療法、荷爾蒙治療，以及放射治療（即使俗稱「電療」）。當然，亦有些情況是由於腫瘤範圍比較大，要手術前先做一個療程的治療，有一定的成效之後才做手術，又或者腫瘤已經擴散，那麼便要先見腫瘤科醫生，然後有需要的話才諮詢外科醫生有關手術的意見。

臨床腫瘤科醫生不是揸刀，是揸筆嘅！我哋最主要用支筆來處方抗癌藥物嘅劑量。另外，最重要嘅係用支筆來畫Plan！這張相就可以見到腫瘤科醫生一定要用嘅工具。這台電腦就是用來設計電療用的，腫瘤科醫生就是靠著這支筆在電腦上做仔細的電療定位！

電療工序工作非常繁複

　　首先，由腫瘤科醫生評估是否需要做電療，然後由放射技師做模型固定身體，再做電腦掃描，以及將其他影像例如 MRI、PET-CT 融入到電腦掃描輔助定位，最後由醫生進行定位，就是用這支魔法筆在電腦上劃位，這個工序非常複雜，因為涉及大量專業知識，要清楚知道腫瘤位置及腫瘤特性，亦要留意附近是否有很多主要器官要閃避，再進行適當劑量的處方。同時，亦要顧及周邊主要器官是否能承受某些劑量來定不同份量的電療處方。

　　經過醫生及電療技師或物理學家溝通後，便會開始非常精細的計算過程，最後再由醫生審視電療處方計算是否準確以及適合病人，即是 Plan Evaluation。如果這些一切都過關後才能讓病人正式接受電療。

　　電療期間要監測承受電療的位置是否準確，亦需要監察病人的副作用，如有需要，會即時進行調整，以便用最精準的方式完成最適合病人的電療，同時將副作用減到最低。

　　雖然腫瘤科醫生不是日日夜夜在手術室，但我們也是日日夜夜在揸筆，用不同的方式幫病人。

3. 其實腫瘤科醫生做 D 乜？（2）

之前談及「腫瘤科醫生 Vs 外科醫生」、「揸筆 Vs 揸刀」的分別，引發有放射科醫生留言，希望講一下同放射科醫生有乜分別，所以決定再寫多 D ！

臨床腫瘤科 Vs 放射科

如果細心嘅病人一般都會留意到，「腫瘤科醫生」嘅專科牌是由「英國皇家放射學院」和「香港放射學院」所頒發，所以好多人都以為「腫瘤科醫生」就是「放射科醫生」！

真相係，臨床腫瘤科同放射科醫生都是由放射學院頒發，但是我們是兩個完全不同的專科，只是我們兩科都是使用輻射吧！所以同屬放射學院。放射科醫生利用輻射來照造影（CT、X 光），一般用的輻射能量單位為 kV，即是 Kilovoltage；而我們腫瘤科醫生用輻射來醫 Cancer，一般用輻射能量的單位為 mV，Megavoltage，即是 kV 的一千倍！所以我們用電量很高！我們用作電療的機器，例如直線加速器、螺旋刀都是放在地庫的，因為用作保護輻射的牆身要非常厚，而且用高壓石屎來製成！相反，一般用作造影檢查的電腦掃描，或者沒有輻射的磁力共振，就可以在一般商用大廈的樓層都見得到！

另外，放射科醫生一般都是不見天日的。他們一般都在黑房內，日以繼夜地睇片，然後發出報告，有些做介入性治療的放射科醫生，因為他們要幫病人做介入性治療，例如擺放喉管（放肺水用的肺喉管），或者透過造型做抽組織的醫療程序，就進行介入治療前都會見到病人作詳細講解。

當然最重要的是，我們兩個專科都是同其他專科緊密合作，透過開會（MDT, Multidisciplinary Meeting）溝通，盡力發揮各科的專長來幫助每一位病人！

正電子素描

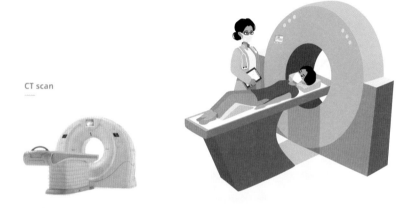

CT scan

直線加速器

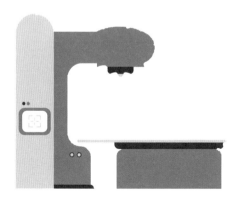

4. 其實腫瘤科醫生做 D 乜？（3）

之前提及「腫瘤科」同「外科」以及「放射科」嘅分別。其實腫瘤科亦有「臨床腫瘤科」以及「內科腫瘤科」之分，亦是很多病人未能明白的地方，所以今次想同大家分享「臨床腫瘤科 Vs 內科」。（如果內科朋友仔覺得分享未盡完善，歡迎私信我，好讓我作出改善。）

首先，內科係一個很大嘅學科，「內科」再細分很多細的專科，例如心臟科、肺科、腦科、肝科、腎科、內分泌科、類風濕科、腸胃科、血科以及內科腫瘤科等等。

一般而言，**內科都是用藥為主的一個專科**，所以內科腫瘤科都是主要透過用藥來治療腫瘤，而內科腫瘤科是由內科學院所頒發，並不是由放射科學院所頒發，即是他們不會處方電療。

臨床腫瘤科與內科腫瘤科的專屬範疇

某程度上，**「臨床腫瘤科」及「內科腫瘤科」有一定程度的重疊。**

基本上內科腫瘤科也會治療所有實體腫瘤！那麼，甚麼時候有明顯的分別？如果是關於血液科的腫瘤，尤其是血癌、淋巴癌等等，內科的腫瘤科及血科會比臨床腫瘤科更加擅長。如果這些腫瘤病人需要電療的時候，便會轉介臨床腫瘤科進行電療；但如果是關於血液科的腫瘤，很多時候臨床腫瘤科醫生會轉介給內科醫生跟進。

其實其他地區例如美國，腫瘤科醫生的分類很鮮明，只會分為內科腫瘤科及放射腫瘤科。內科腫瘤科只是用藥，放射腫瘤科只是用電療，

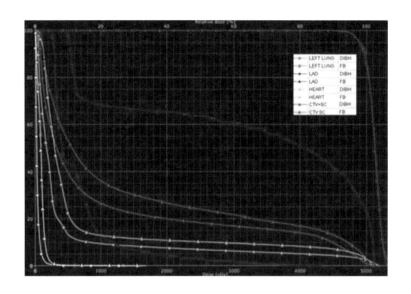

分類是非常清晰的！香港從前是英國殖民地，我們跟從英國的系統，英國只有臨床腫瘤科，而內科跟從美國細分了內科腫瘤科，所以便出現了「臨床腫瘤科 Vs 內科腫瘤科」這個特別的情況。

其實無論是臨床腫瘤科或是內科腫瘤科，每個腫瘤科醫生都有自己特定屬意的範疇，畢竟世界這麼大，每日有這麼多新的醫療資訊，即使唔瞓覺都無可能睇得晒，所以每個腫瘤科醫生都有佢哋擅長處理嘅領域！所以選擇腫瘤科醫生應該是找尋擅長某個領域的醫生，而不是劃分他是臨床腫瘤科還是內科腫瘤科的醫生（電療除外）。

5. 其實腫瘤科醫生做D乜？（4）

「臨床腫瘤科 Vs 兒科腫瘤科」，其實「兒科腫瘤科」同「內科腫瘤科」有一些相近的地方，就是他們都會處理所有實體腫瘤以及血科腫瘤，他們都是不會做放射治療，而他們只是治療十八歲或以下的病人，他們的專科是由兒科學院所頒發，至於兒科腫瘤科是否有特定的 Quotable Qualification，我就不清楚了。

為何兒科腫瘤要跟成人的腫瘤分開處理呢？

首先，兒科腫瘤的類型跟成人的很不一樣。兒科腫瘤大部分都是血液科腫瘤，而且有很多腫瘤都是小朋友比較獨有，很少在大人出現，這些都不是臨床腫瘤科的專長。

即使是同一類型的腫瘤，兒科病人用藥跟成人用藥的方法很不一樣。小朋友用藥後的反應亦跟大人很不一樣。兒科醫生一向比較擅長處理小朋友，所以在兒科伸展出兒科腫瘤科最為適合。

其實，臨床腫瘤科只會為小朋友進行放射治療，其他所有有關小朋友的腫瘤治療以及是舒緩性質治療都不擅長，因為對於小朋友而言，所有藥物的處方都是要跟重量來釐定，這是有別於一般成人的處方方法。基本上是跟病情用藥，偶然需要因應肝腎功能調整藥物劑量；而不是跟重量用藥。

由於在整個抗癌治療當中，除了抗癌藥物外，還有其他大量支援藥物例如止嘔藥、升白針、抗生素等等，都需要兒科專業知識來調整藥物劑量，所以兒科醫生照顧兒科腫瘤病人會比較全面！

其實，即使是急症室服務，兒科腫瘤科病人也是直接送進病房處理，因為絕大部分醫生都不擅長處理兒科腫瘤病人的急症，就連周身刀的急症科醫生也未能有信心處理，可想而知，其複雜程度非同小可。

用年齡劃分病人誰屬

有人會問，其實很多比較大的小朋友用藥已經跟大人沒有分別，為何不是由臨床腫瘤科處理？這一方面是因為兒科腫瘤病人的特性畢竟跟大人有出入，而且現行醫學數據都將兒科病人定一個分水嶺來結論數據。醫院一般會將兒科病人及成人病人用十八歲來做分水嶺，所以亦出現過比較特殊的情況，如果病發時是 17.9 歲，就會界定為兒科病人，結果在兒科病房內出現了大人的病人！令病人感到十分尷尬。

6. 其實腫瘤科醫生做 D 乜？（5）

不經不覺寫咗「腫瘤科 Vs 放射科、內科腫瘤科、血液科、兒科腫瘤科」之分別，有病人家屬要求不如介紹一下婦科腫瘤科。

顧名思義，婦科是處理女性有關的腫瘤，但只是處理下半身，他們是**不會處理乳癌的（乳癌是由外科醫生處理的）**。婦科腫瘤科是由婦科學院所頒發，其實婦科有點兒像外科，即是他們是揸刀的！所以婦科醫生要經常入手術室做手術，切除盤腔內的婦科腫瘤，即是卵巢癌、腹膜癌、子宮癌、子宮頸癌、陰道癌及陰唇癌等等。

除了做手術外，婦科腫瘤科亦會處方化療，所以在化療的範疇上同臨床腫瘤科有重疊的地方，但如果需要做電療的話，便需要轉介臨床腫瘤科。有些醫院即使有婦科腫瘤科，化療部分亦會交由臨床腫瘤科處理，其實每一間醫院規矩都不一樣，不能一概而論。

有些人或會問，女性腫瘤有婦科腫瘤科處理，那麼男性生殖器官腫瘤又是哪科處理呢？那便是外科的泌尿科了。

所以女人真是很特別，有一科婦產科專門處理，但男士並無特定的專科（由全能的外科處理），或許女士天生在結構或心靈上都比男士複雜，尤其是要負責生小朋友的重任，所以必須要有一個專科主力負責。

7. 多西紫杉醇的印記

有好多癌症病人都會留意到，打化療期間指甲會有變化，例如指甲變黑、指甲脫落，其中有一個指甲嘅變化比較特別，就是每次打多西紫杉醇都會在指甲上留一條橫紋，所以有經驗的人透過看見指甲上有多少條橫紋，就可以知道病人打過多少次多西紫杉醇，情況就好像樹木的年輪一樣。

「為甚麼會這樣呢？」其實每一次打多西紫杉醇就好像將整個人體嘅新陳代謝凍結一樣，停頓了好幾天的新陳代謝令指甲也停頓了生長變成一條橫紋，但這個情況並不是每一種化療都會出現。

根據經驗，只有多西紫杉醇才有非常高的機會率在每一位病人身上出現差不多的情況。從病人所描述嘅副作用，注射多西紫杉醇所引起的副作用是眾多化療之中之首，大部分注射後首個星期都極度疲倦，周身骨痛，再加上要注射升白針（多西紫杉醇引起低白血球的風險非常高，所以基本上每個病人注射多西紫杉醇後都要使用升白針），周身骨痛的情況更為嚴重，而且很多病人非常抗拒使用止痛藥，結果睡眠質素受到影響，繼而影響胃口及情緒。第三個星期慢慢回復的時候，便是注射下一針的時候，所以很多病人都會認同打多西紫杉醇是非常痛苦的。

抹掉指甲的印記

這些印記就好像時時刻刻在提醒他們，所以每天完成化療後，很多病人都會詢問有關指甲的問題。

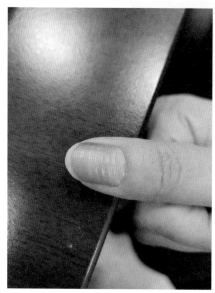

西紫杉醇的印記

指甲上留下一條條橫紋

首先，他們擔心指甲的情況不會改善。其實只要完成化療，被影響的指甲便會隨著時間，隨著正常的新陳代謝，慢慢地退出來，所以大半年後指甲都會回復正常。

另外，有些比較嚴重的情況便是出現離甲的情況。一般情況下，離甲都不會有很大痛楚，因為一般都是指甲已經壞死才會慢慢剝離，所以最大的不適其實是沒有指甲保護而變得比較敏感。隨著時間流逝，新的指甲會慢慢長出，假以時日，這些多西紫杉醇的印記都會消失。但有些病人希望盡快消除這些印記，尤其是比較貪靚的女士，那麼我便會建議他們使用指甲油，其實市面上亦有一些指甲油不含化學成分，適合小朋友使用，只要選擇適合嘅顏色，便可以安全地遮蓋住這些印記，心情便靚靚了。

除了使用指甲油遮蓋印記，更重要的是在需要的時候使用適當的止痛藥，減輕化療及升白針引起的不適，改善睡眠質素及整體身體感覺，打破由化療對身體及心靈引起的惡性循環，化療便會輕鬆自在得多。

有很多病人擔心用一隻藥來抑止另外一隻藥引起的副作用，就好像用信用卡來冚另外一張信用卡的卡數一樣，沒完沒了。其實大部分的化療都是有期徒刑，即是經過一段短時間的治療便可以停止進一步的化療，所以即使是用止痛藥的時間都是短暫的，又何必要死忍難忍？要知道，缺乏適當休息，以及惡劣的心情，其實也是有機會影響治療進度的，所以切忌用念力治療副作用，那是十分不智的。

要謹記，如遇到任何問題，記緊向身邊醫護人員求助。

8. 乳癌術前治療（化療 +/- 標靶）後，腫瘤科醫生如何制定下一步治療方案（上）？

近幾年，越來越多人採用術前治療，尤其是 HER2 受體陽性或者三重陰性乳癌病人，經過術前檢查（e.g. PET-CT）後發現腫瘤過大未能適合乳房保留手術，或者有淋巴感染的情況⋯⋯等等。外科醫生及腫瘤科醫生都會跟病人討論術前治療的好處及壞處，然後達成共識。

術前治療的好處

· 提供腫瘤對治療敏感度的特性

其實術前治療跟術後治療的成效是一樣的，但是在手術前做同一樣的治療的話，由於腫瘤仍未被切除，透過治療期間量度腫瘤的大細，以及改善的速度，可以讓醫生掌握到治療的成效，其實並不是每一種腫瘤對症下藥都有可預期之內的反應。如果我們在治療初期已經掌握到這樣數據的話，便可以提早改變治療策略，增加治療成效！相反，手術後做同一樣的治療，由於只是預防性質，我們只是根據數據估算成效，並沒有任何準確方式幫助醫生量度治療成效。

· 有機會改善手術方案

對於腫瘤比較大的病人而言，由於亞洲人的乳房比較細，有機會因為部分乳房切除後外觀大受影響而要進行全個乳房切除。全個乳房切除後外觀大受影響，很多時候手術期間亦會同時進行重建，增加手術複雜性。如果術前治療有效的話，有機會進行部分切除而不影響外觀，那麼便輕鬆多了！（其實手術方案的制定非常複雜，並不是單靠評估腫瘤的

大小，也要視乎腫瘤的位置是否接近乳頭，腫瘤有沒有影響皮膚，亦要視乎治療成效，因為即使治療成效顯著，只是減少腫瘤癌細胞的密度而沒有減少整體的大細，即使治療成效顯著也未能改善手術方案，所以要跟主診外科醫生好好商量！）

- **比較多新的治療方案選擇**
  - → **HER2 陽性**：術前可以使用雙標靶加化療的方案，然後視乎手術病理報告，再制定下一步術後標靶方案。
  - → **三重陰性**：術前可以使用免疫療法加化療，然後手術後繼續使用免疫療法。

術前治療的壞處

如果治療效果不理想的話，有機會因為治療沒有成效，病情惡化而出現擴散的案例，那麼便不適合做根治性手術！

想深一層，這個又是不是真的是一個缺點呢？如果先行做手術的話，的而且確可以將腫瘤切除，無眼屎乾淨盲。但是剩下來的癌細胞的種子很大機會不受術後治療的控制（因為術後的治療方案跟術前的是一樣的），某程度上復發的風險也是比較高的，所以如果術前治療效果不理想的話，一方面能夠讓醫生及病人掌握到腫瘤的特性是比較抗藥的，能夠對病情有一個比較準確的預算；另一方面可以透過提早更換治療方案及緊密監測病情，用來提高對腫瘤控制的機會率！

9. 乳癌術前治療（化療 +/- 標靶）後，腫瘤科醫生如何制定下一步治療方案（下）？

之前同大家分析過「術前治療的好處與壞處」，那麼「術後腫瘤科醫生怎樣評估後續治療方案」呢？一般而言，我們要等待術後正式病理報告，仔細分析術前治療成效，通常分成兩大類：CR（Complete Remission）Vs Residual Disease。

Complete Remission 是最好的治療成效，所有癌細胞都被術前治療擊退。那麼，**Residual Disease 即是仍有殘留的癌細胞！**為甚麼要這樣分類呢？如果術前治療的效果能夠達致 CR，能夠反映治療進度非常理想，預後亦非常理想，即是復發風險比較低。換言之，Residual Disease 便是反映復發風險比較高，所以這些數據極具參考意義。現在先提及術後化療及標靶部分，稍後再提及荷爾蒙及電療部分。

不同屬性乳癌治療

如果是 HER2 陽性的乳癌。術前治療使用雙標靶／單標靶混合化療而達到 CR 的話，術後輔助治療便可以只用單標靶的方案，但是如果是 Residual Disease 的話，便要考慮轉用另一隻標靶混合化療（T-DM1）來提升治療成效減低復發風險。

如果是三重陰性的乳癌。一般來說術前治療已經使用紅魔鬼及紫杉醇等藥物，如果達到 CR 的話，便不用考慮進一步的輔助化療。如果術前治療除了使用紅魔鬼及紫杉醇外，亦有使用免疫療法的話，術後仍可繼續使用免疫療法來鞏固治療效果。如果是 Residual Disease 的話，可以

考慮使用口服化療 Capecitabine 八個療程來減低復發風險。不過口服化療是否一定有成效，仍然有待進一步數據核實，由於不同學者仍有不同的爭拗，所以並不是所有三重陰性病人使用術後 Capecitabine 有持之以恆的成效數據，有些時候可以透過進一步病理報告分析 CK5/6 和 EGFR是否缺乏表現〔非基底上皮細胞類乳癌（Non-basal Like）的乳癌病人的病理特徵〕，因為似乎非基底上皮細胞類乳癌（Non-basal Like）的乳癌病人會有比較理想的治療成效。鑑於這個是非常複雜的 Topic，建議同主診醫生仔細討論釐定進一步治療方案。

如果是 HER2 陰性荷爾蒙受體陽性的乳癌。術前治療已經使用紅魔鬼及紫杉醇等藥物，無論是否達到 CR，都是不需進一步化療。

荷爾蒙治療方面

只要術前檢查已經知道是荷爾蒙受體陽性的乳癌病人，手術後便會開始服用維期五至十年的荷爾蒙治療。曾經有病人表示，術前病理報告是荷爾蒙受體陽性；術後卻是荷爾蒙受體陰性，應該如何選擇？那麼便沒有絕對的數據，要視乎你的主診醫生幫你決定了。對於這些情況，我一般都會建議病人使用抗女性荷爾蒙治療，因為這麼多年來的數據都是將荷爾蒙受體陽性的門檻降到最低，即是只有 >1% 細胞有顯現荷爾蒙受體的話，就應該要使用抗女性荷爾蒙治療，而且抗女性荷爾蒙治療的副作用偏低，成效亦相對顯著。

再者，對比之前還不是那麼流行術前治療的情況，基本上所有病人都是手術後先化療然後就荷爾蒙治療。如果沒有明顯副作用的話，醫生會建議病人使用。

電療方面

採用術前治療的病人大多是腫瘤偏大 >5cm，或是腋下淋巴已經受到腫瘤感染的個案，所以手術後基本是需要輔助電療的。

總括而言，使用術前治療後，我們要視乎病理報告是否 CR 來釐定是否需要化療 +/- 標靶，至於荷爾蒙治療及電療是手術前已成定局，希望這篇文章能夠讓大家有再進一步的了解。

當然，最理想的都是跟主診醫生詳細討論自己的病理報告來分析及釐定 Tailor Made 的術後方案。這個是非常複雜的題目，並不能一概而論。

早期HER2陽性乳癌的全身治療

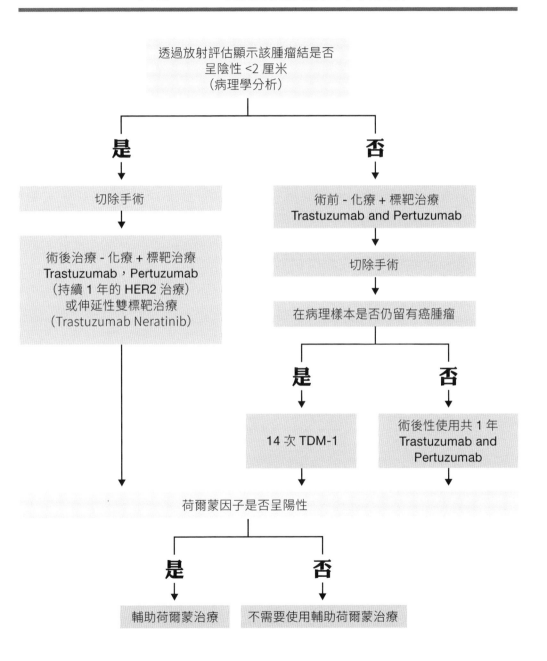

透過放射評估顯示該腫瘤結是否
呈陰性 <2 厘米
（病理學分析）

是

切除手術

術後治療 - 化療 + 標靶治療
Trastuzumab，Pertuzumab
（持續 1 年的 HER2 治療）
或伸延性雙標靶治療
（Trastuzumab Neratinib）

否

術前 - 化療 + 標靶治療
Trastuzumab and Pertuzumab

切除手術

在病理樣本是否仍留有癌腫瘤

是

14 次 TDM-1

否

術後性使用共 1 年
Trastuzumab and
Pertuzumab

荷爾蒙因子是否呈陽性

是

輔助荷爾蒙治療

否

不需要使用輔助荷爾蒙治療

（三）皮膚護理教室

1. 如何處理癌症治療所引起的皮疹？

特別鳴謝：皮膚科專科醫生 Dr. Steven Loo（盧景勳醫生）

首先，**要系統性審查病人**，先要排除細菌，病毒真菌感染，因為癌症病人一般抵抗力比較弱，這些病人需要抗生素以抗病毒和抗真菌治療。

第二，**要評估皮疹是否同腫瘤有關**，因為癌症病人容易同時有免疫系統問題而引發皮疹，例如天皰瘡，這些情況要有另外的處理方案。

亦有些情況，皮疹與腫瘤本身或治療本身完全無關係，例如接觸性皮膚炎，這是因為病人接觸到某些化學物質所引發的皮膚發炎的狀況，所以絕對需要調查清楚，才能對症下藥！

排除以上種種之後，才能定論成治療所引起的皮疹。如果遇到是由標靶引起的皮疹，大家切勿灰心，因為有數據顯示皮疹越多，通常治療成效都越好！

為何標靶會容易引起皮疹？

這是因為皮膚以及夾縫的位置都是細胞分裂週期比較快的地方，所以特別容易受到治療的攻擊而誤中副車。最重要的是，好好處理皮疹才能持久地服用有用的標靶藥，才能有效地持久控制病情！

除了使用簡單的潤膚膏，或者在有需要的時候使用不同強度的類固醇藥膏，亦會建議使用長時間服用簡單的抗生素，例如四環素。四環素一般會針對皮脂腺以及毛囊，幫助調節皮脂腺以及毛囊的免疫系統。

有病人會擔心長時間服用抗生素會進一步影響免疫系統，增加細菌抗藥性以及令身體更加虛弱。其實四環素是一種皮膚膏非常常用的抗生素用來醫治痤瘡、暗瘡以及其他免疫系統的皮膚病。如果用四環素來治療暗瘡的話，一般的指引是建議服用半年至九個月的療程。一方面四環素是一個窄譜的抗生素，再加上使用的劑量一般會相應比其他情況的劑量減少而達致調節免疫系統的效果。所以一般不會引起細菌抗藥問題！最重要的是，由專業的醫生定期評估而調整劑量的話，風險是非常小的。

如何保護皮膚

坊間喜歡使用非藥物的方法塗搽皮膚。如果使用蘆薈或其他天然成分的用品時，病人本身並沒有對這些成分有敏感反應的話，醫生一般都不會反對，只是醫生亦會建議大家不可單純使用這些方法，因為成效不顯著，有機會延誤治療。

同時，醫生亦鼓勵病人在試用不同的產品時，可以先行在耳背或手背的地方少量塗搽幾天，看看有沒有皮膚敏感後，才持續在有問題的地方使用。目的是將再有問題的地方又有機會再發生另外過敏的風險減到最少。

除了要幫皮膚保濕，建議要多飲水作內在保濕。在可以的情況下：例如心臟功能、腎功能沒有大的問題，白蛋白不是非常低的大前提下，

建議盡量每天飲用超過一至兩公升的水。另外，病人亦可以考慮服用益生菌。

益生菌其實常見於食物內，例如古埃及啤酒、歐洲的酸奶。近年研究發現，這些食物內蘊含有益的細菌，可以幫助消化以提升免疫系統，幫助小朋友腦部發育，改善睡眠，以及改善心情都有良好的作用！近年研究發現，如果能夠成功調整腸內的好與壞的細菌的平衡，便能夠提升免疫系統！甚至有些初步研究顯示，調整腸內細菌有機會增加抗癌的治療效果！

如何選擇優質益生菌？

首先要視乎有沒有做「捍胃酸測試」的評估報告？亦要參考成分表，確保沒有過多的添加劑，盡量避免攝取色素、甜味劑、防腐劑等等的添加劑。最後**亦要視乎菌株的類型**，因為不同的菌株有著不同的效果，有些會增強消化功能；有些會增加免疫功能；有些會幫助舒緩皮膚敏感，例如濕疹的問題；有些會幫助改善睡眠的問題。

當然，最好是有一些測試幫忙分析每個人所缺乏的益生菌菌株而 Tailor Made 的益生菌組合。有關測試於科學園進行當中，希望日後能推出市面，幫助更多病人配對更適合的益生菌株組合！

另外，亦可以調整一下生活細節，例如在洗澡的時候，使用的水溫不要太高，要用低敏的沐浴露。沐浴後注意保濕，外出時塗搽適當的防曬產品，做足防曬措施等等，都有機會幫助改善皮膚狀況。

最後，如果有皮膚出疹，有伴隨發燒，結膜發炎，口腔嚴重潰瘍，皮膚劇痛的情況的話，這些都代表著嚴重的皮膚問題，需要盡快求診，甚至要入院處理。因為如果處理不

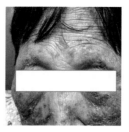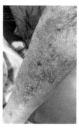

善的話，有機會在短時間內引發嚴重併發症，繼而引致生命危險，大家必須要小心！

2. 藥物引起頭皮出疹的問題

特別鳴謝：皮膚科專科醫生 Dr Steven Loo（盧景動醫生）

進行標靶治療期間，頭皮痕癢或出疹是常見的問題。因為頭皮的毛囊細胞生長速度比較快、比較容易受到標靶攻擊。但是，這些副作用某程度上暗示治療成效會更好，所以切勿灰心！

頭皮出疹一方面會影響儀容；另一方面亦會因為細菌感染引發異味造成尷尬，所以妥善處理對病人身心靈都有幫助。

妥善處理皮膚

首先，如其他皮膚出疹一樣，醫生會有系統性地詳細檢查病人，排除細菌／病毒／真菌感染，或者是否其他與腫瘤及癌症治療無關的情況，以及排除接觸性皮膚炎後，便會開始依從標靶引發的皮疹方向進行適當的治療。

一般會建議使用調整免疫系統的抗生素（四環素）一個療程。由於頭皮充滿著頭髮，塗搽藥膏非常困難，所以皮膚醫生一般會建議使用短時間的濕敷，即是使用類固醇的藥水或藥膏塗搽整個頭皮，然後使用布或浴帽覆蓋整個頭皮約三十分鐘，使用這個頭皮 Mask 之前，可以試試用椰子油或橄欖油先行將頭皮的結焦用輕輕的按摩手法慢慢地移除，再加上短暫時間停服標靶，希望在三至四個星期內將問題處理，然後繼續餘下的標靶治療。其實，越早處理皮膚問題越快改善，暫停標靶的時間越短，所以建議病人及早處理。

皮膚膏與類固醇

另外，最緊要遵從皮膚科醫生的意見使用類固醇，因為類固醇的強度能夠相差甚遠，由一度至七度不等，而每個等級亦有三至四款類固醇，所以皮膚科醫生能夠選用的類固醇藥膏可以達至三十至四十款，絕對不是大家想像的那麼簡單，所以必須要由皮膚科醫生因應病人的病情選用最適合的類固醇藥膏。

有些病人會在坊間自行購買類固醇藥膏，一般在坊間能夠購買到的類固醇藥膏都是強度比較高的藥膏，自行胡亂使用有機會分量過高。有研究顯示，超過兩至四星期使用強度高的類固醇藥膏的話，類固醇有機會經皮膚滲入血管內，干擾體內的皮質醇，繼而承受著皮質醇引起的身體其他的副作用，例如骨質疏鬆。頭皮以外其他皮膚長期使用類固醇的話，有機會令皮膚變薄，由於頭皮比較厚這個情況便比較少見。

有很多病人擔心長期使用類固醇所引發的副作用，所以重點是「早用早收」，切勿延誤治療而令病情進一步惡化，繼而要使用更長時間的類固醇。另外，有些時候皮膚科醫生亦會選用一些沒有類固醇成分的消炎藥膏，詳細亦可以跟皮膚科醫生商討。

重點是，適當的時候經醫生處方適量的類固醇益處遠超壞處，切勿因為過分恐懼而避免使用，絕大部分病人很少需要超過兩至四星期的類固醇處方。

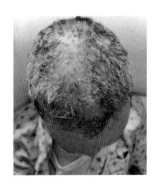

3. 如何護理電療後的皮膚？

特別鳴謝：皮膚科專科醫生 Dr Steven Loo（盧景勳醫生）

首先，**有病人會擔心電療後的皮膚副作用有機會是復發**。其實，絕大部分的皮膚不適都是電療後遺症。當然，如有擔心的話，請諮詢主診腫瘤科醫生意見，先排除是病情有關的問題。

電療會影響皮膚結構，例如汗腺、油脂腺以及骨膠原的結構，令皮膚搣搣緊以及痕癢，甚至會有輕微痛楚的感覺。

病人心中的疑慮

1. 一般的皮膚護理。

例如洗澡的時候，盡量用適當的水溫，以及避免用花灑直接將水打在受影響的皮膚上。盡量塗搽護膚膏保濕以便修補角質層，塗搽保濕藥膏時亦可以配合按摩的手法，從而促進血液循環或者疏通穴位，有機會進一步改善皮膚搣緊的狀況。如果痕癢比較困擾的話，低濃度的類固醇藥膏可以幫助減輕痕癢的困擾，情況穩定後便會轉用非類固醇的消炎藥膏幫助舒緩及穩定皮膚搣緊的情況。

2. 經常有病人問，電療後的皮膚是否不適合游泳運動？

其實，醫生非常鼓勵癌症病人做運動，因為有益身心，加速康復。如果皮膚已經沒有任何傷口而早期電療副作用已經消退的話，醫生都會鼓勵病人游水，不過要注意多個事項！

首先，游水的時候要避免曬傷。建議游水的時候穿著適合防 UV 的衣著，以及做足防曬措施。另外，要選擇適合的游泳衣，可以比較全面保護身體的皮膚，以免比較脆弱的皮膚受損繼而引發感染。由於現在疫情流行，游水時要除口罩，對於免疫力比較低的癌症病人來說，游水屬於比較高風險的運動，所以盡量都想提醒大家要小心一點。

3. 至於癌症病人電療後是否適合浸溫泉？

浸溫泉之所以可以令人感覺舒暢，因為溫泉的熱力能夠造成血管擴張，促進血液循環，幫助舒緩筋骨緊張，幫助放鬆身體從而改善心情、改善睡眠質素。如果沒有表面傷口的話，醫生不會反對浸溫泉，但同時亦建議要根據自己身體能夠承受的壓力來調整浸溫泉的時間。因為經歷癌症治療後，癌症病人的心血管對溫泉的熱力反應相對比正常人遲鈍，所以比較容易出現暈厥的症狀。

如果有傷口的話，浸溫泉的時候亦有機會會受到細菌感染。

4. 如何處理抗癌治療引起之手腳反應以及甲溝炎？

特別鳴謝：皮膚科專科醫生 Dr Steven Loo（盧景勳醫生）

「甲溝」是身體其中一個皮膚分裂比較快的地方，所以最容易被治療攻擊引發「甲溝炎」，有些病人甚至會有肉芽生長的情況，令病人非常困擾。

首先，醫生會處方外用的藥膏來舒緩皮膚的紅腫。有肉芽生長的地方就有機會需要用小手術，例如冷凍治療方法，將肉芽凍死。對於比較大的肉芽，要用小手術切除，然後用冷凍方式將肉芽的根部處理免除復發風險。

建議病人小心剪指甲，尤其是指甲的邊位，建議盡量打平將指甲修整，因為沿著指甲的弧形修剪的話，有機會令甲邊留下一道小倒刺，而且癌症病人的指甲特別脆弱，處理不善會容易產生微細創傷，繼而引發肉芽生長。

另外，亦需要小心選擇舒適的鞋，過緊的鞋容易增加腳部的摩擦，加重皮膚反應，亦需要避免著涼鞋外出，因為脆弱的皮膚會有更大機會受傷以及感染。

有糖尿病而又在進行抗癌治療的病人來說，更加要小心護理足部。一方面糖尿病人有手腳反應的機會會增多；另一方面情況亦會特別嚴重，治療效果亦不是那麼理想，所以預防勝於治療，要小心小心！

如有需要的話，腫瘤科醫生有機會調整化療藥物或標靶藥物的劑量，來減輕手腳綜合症或甲溝炎的情況。希望可以改善病人的生活質素為大前提下，持久地使用能夠有效抗癌的治療藥物。

　　有病人問：「是否皮膚變薄後失去的指模會一去不返？」

　　指模受到影響，是因為治療破壞了皮膚的基底層就治療傷害形成了疤痕，所以指模喪失後便不能再形成。如果對出入境造成不便的話，醫生可以幫病人準備一份醫生信，作為知會海關這個是治療所引起的問題，希望對病人的影響減到最低。

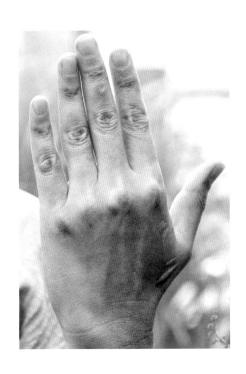

5. 癌症病人可否使用醫美療程？

特別鳴謝：皮膚科專科醫生 Dr Steven Loo（盧景勳醫生）

隨住醫學發展不斷進步，癌症病人壽命不斷延長，完成癌症治療後保持靚靚是非常重要的，因為靚靚可以令女性病人更加自信，心情更加好，間接提升免疫力，亦有機會增加抗癌功效！所以在安全的情況下，癌症病人在適當的時候，其實可以使用部分的醫美療程。最理想是完成治療後，白血球以及血小板的數量正常的時候，因為白血球過低容易細菌感染；血小板過低會容易有出血的風險。

關於醫美療程的疑惑

最多病人問及扁平疣。其實疣的位置在皮膚角質層表面。一般簡單的皮膚激光治療便能有效處理，而且傷口亦不是大的問題。

第二多癌症病人需要注意的問題是色斑。治療腫瘤期間壓力大，休息不足引致肝鬱，容易引發荷爾蒙斑（肝斑）在面上。其實處理斑點，要視乎深淺程度用不同的療程。有些情況例如雀斑，使用激光情況比較理想，但是荷爾蒙斑做激光有機會會更黑，所以反而建議外用壬二酸、維 A 酸，或者維生素 C 藥膏先減低色素，然後再考慮用激光處理。

亦有很多病人完成肝癌療程後皮膚鬆弛，需要一些緊膚療程。例如鼻咽癌病人完成電療後一般都會出現雙下巴的情況，這些都不是復發的問題，而是淋巴水腫的問題，適合使用一些緊膚療程。但要小心，電療後皮脂腺以及骨膠組織分布受到影響，再選擇治療的位置以及治療的能量時，需要比較保守。

大部分的醫美療程例如激光去疣，激光去斑，緊膚療程例如射頻或者超聲波等等，現在都未有醫學數據顯示會激活癌細胞促進復發，或者致癌，所以腫瘤病人都適合使用，但要小心注意。如果是在電療過的皮膚範圍內進行醫美程序的話，由於皮膚結構受到電療破壞，進行這些程序的時候要非常小心，因為這些程序涉及「甜心點」，以打網球作比喻，要擊中球拍的「甜心點」才能成功打球。同一道理，醫美程序需要準確擊中「甜心點」才能安全地帶出治療效果，接受過電療的皮膚，甜心點的範圍非常小，容許能量使用的錯誤越少，所以很容易會出現燒傷的情況。

建議大家如要進行這些醫美療程的話，需要由皮膚科醫生處理來減低風險，因為皮膚科醫生比較容易了解病人的整體狀況，選用適當的能量來做醫美療程。

皮膚科醫生不建議癌症病人使用填充劑注射方式的醫美療程（例如注射透明質酸以及骨膠原等等），因為癌症病人的抵抗力比較弱，皮膚比較脆弱。在國際指引下，這些程序並不是完全不建議，只是要非常非常小心。因為注射了這些物料在皮膚內後，由於抵抗力比較弱，細菌感染的風險會比較高，所以似乎風險大於益處。但是，如果是一些非常簡單的物料注射，例如 Botox 去皺（肉毒桿菌），已經有很多大型研究顯示對腫瘤病人無額外的影響，所以不用太擔心。

總括而言，癌症病人完成治療後在適當的時候，經由皮膚科醫生檢查後安排適合而又低風險的醫療程序，益處大過害處，而且未有數據顯示會影響癌症復發。

6. 給癌症病人的護膚 Tips！

特別鳴謝：皮膚科專科醫生 Dr Steven Loo（盧景勳醫生）

無論是防曬用品，護膚以及化妝產品，盡量都需要使用避免含有已知的致癌物或會有機會影響荷爾蒙系統的化學物質。例如防腐劑 Parabens、仿雌激素成分（Octinoxate，Oxybenzone，這些都是化學性防曬成分令防曬產品塗擦後不會油立立的感覺）、重金屬（例如水銀，很多東南亞地區的美白產品都會加入水銀來達致美白的效果），以及塑化劑成分 Phthalates（用作保濕，軟化皮膚以及加強護膚滲透的作用）。

在香港，如果在大型連鎖店內所購買得到的產品，由於是大型連鎖店，所屬的買手都會做內部分析，保持質量達標，所以理論上風險不大！但如果病人在淘寶或其他途徑購買水貨的話，可能風險會高一些。

（四）移居海外與保險購買關注

1. 移民瑣碎事 —— 英國篇

特別鳴謝：Dr Lorraine Chow，周芷茵醫生

1. 一般醫療問題

- 絕大部分服務由英國政府的 NHS（National Health Service）提供
  （北愛爾蘭除外）。

- 一般醫療問題由 NHS 的家庭醫生所提供。登記預約家庭醫生一
  般有兩個方法：一是根據住址；另外是根據工作的地區。如果所
  住的區域家庭醫生的服務已經飽和，在網站上亦會註明如何預約
  另外家庭醫生的方法。［詳情可參閱 NHS 網站（https://www.nhs.
  uk/）］。

- 在英國居住而未正式成為英國公民的香港市民，如需要在英國使用 NHS 服務，需要繳付附加費（Immigration Health Surcharge），每人每年 624 英鎊（截至 2020 年 11 月數據），那麼便能涵蓋所有在英國 NHS 的醫療費用，牙科除外。另外亦可每兩星期收費（這個方式一般比較少用）。

- 如果在香港購買海外醫療保險涵蓋歐洲的話，一般應該都可以涵蓋英國，但是香港所購買的保險並未適合移民定居在英國的人，因為一般是 Non-residential 性質，即是適合旅遊使用，而不是定居使用。建議出發移民到英國之前，要先知會保險公司將會移民的舉動，保險公司會進行 Underwriting，再作出書面通知是否會對移民目的地區的保險作出保障。

- 如家庭醫生發現問題需要專科醫生跟進，將會由家庭醫生按著病人的情況轉介至專科門診。如果是懷疑腫瘤的問題，一般等候腫瘤科的時間約為兩星期，所以等候專科醫生的時間其實比香港快，只是在英國家庭醫生實在是供不應求，有些時候是因為等候家庭醫生的時間比較長有所耽誤。

- 部分家庭醫生可以安排私家服務。一般診症收費段按小時計（大約每小時為 250 英鎊）。

- 英國醫療文化非常注重病人根據 NHS 網站（https://www.nhs.uk/）內所提供的資料先作自行分析，然後根據網站的建議才進一步採取行動，這種情況跟香港的文化差別其實甚大，大家可能需要比較多的時間適應。

2. 緊急醫療問題

- 如遇到緊急問題，可致電 999 召喚救護車，費用全免。但是，在英國並不是所有情況都可以召喚救護車。一般來說網站內會建議：「懷疑心臟病發、休克、不省人事、懷疑中風、嚴重過敏反應、燒傷、窒息……等等情況才可以召喚救護車，或者自行到急症室求診」，這個跟香港的情況有很大的差別。

- 大家可參閱 NHS 網站（https://www.nhs.uk/）內所提供的資料分析自己的情況是否適合呼叫救護車，或者致電 999 的時候，服務員亦會因應病人的情況建議適當的安排方法。

3. 一般癌症病人治療流程

- 如發現懷疑有腫瘤的症狀，在香港除了可以經家庭醫生轉介至公立醫院或其他私家醫生跟進，病人亦可自行預約私家醫生跟進。但是在英國，所有專科醫生的轉介必須由家庭醫生轉介，所以大家要注意！

- 請先行預約家庭醫生，家庭醫生會按著病人的情況安排不同的檢查。如果懷疑是腫瘤的話便會轉介專科醫生作進一步跟進，一般等候腫瘤科專科醫生的時間為兩個星期。

- 如果家庭醫生認為情況不緊急的話，轉介腫瘤科的等候時間便會很長。所以，建議大家如果情況真的是惡化而又未能盡快轉介腫瘤科醫生的話，請再預約家庭醫生討論情況，以便提早見到腫瘤科醫生。

- 如果已經繳交 Immigration Health Surcharge，所有由 NHS 所建議的癌症治療不需要額外收費的，只是 NHS 所建議的癌症治療一般是根據 NICE Guideline（https://www.nice.org.uk/guidance）。在英國的醫療系統內必須嚴格遵從這個醫療指引，而這個指引會根據現行的醫學數據定時更新作出不同疾病的治療建議。

- NICE Guideline 一直被外界批評建議比較保守而且不太與時並進，所以一般在香港可以接觸得到的比較前衛的治療方案，在英國亦未能在 NHS 的醫療系統內使用，這個對於香港人來說是非常難適應的。但是，如果就著個別病種有第三階段臨床研究確定某種藥物非常有效的話，一般一年內有九成機會都會得到 NICE Guideline 的 Approval，所以這個系統亦不是一面倒的負評。

- 如果在英國想使用某些抗癌治療，但那些治療仍未納入 NICE Guideline 的話，其實亦可以嘗試申請「Top Up」，即是以自費的方式在 NHS 轄下的醫院買到特定的抗癌藥物，但要注意的是並非每一間醫院都接納「Top Up」。建議大家如有需要的話，可以向腫瘤科醫生提出轉介到大型的腫瘤中心，例如倫敦的 Royal Marsden Hospital，便有機會透過「Top Up」方式得到某些抗癌治療藥物，這個方法是很多香港人不知道的！

- 如有需要的話，亦可以考慮在英國 NHS 即系統內使用私家服務。其實在英國 NHS 內的醫生，只要是顧問醫生級別都可以接受私診。另外，亦有病人到 Harley Street 找尋比較出名的醫生診症。一般診症收費段按小時計（大約為每小時 250 英鎊），電療處方

費另計，例如肺部的立體定位電療醫生處方電療費用大約為 1-2 萬英鎊。如果包括其他設施費用的話有機會需要 3-4 萬英鎊才能在英國以私症的方式進行電療。

4. 穩定性癌症病人以及康復癌症病人銜接問題

- 由於情況穩定，到達英國後有足夠的時間銜接當地醫療系統，問題理應不大。

  建議以下的準備工作：

  → 選擇定居英國的時候注意居住的地方，如果鄰近大型腫瘤中心的話，配套會比較完善。

  → 離開香港前，要好好整理自己的醫療紀錄。將所有病歷、病理報告、抽血報告、影像報告、手術報告……等等轉化成電子檔案。另外，造影檢查亦可以帶備 CD-ROM，因為一般腫瘤病人的影像報告以及影像圖片都非常大量，比較難將所有帶到外國。當然，可以的話把所有報告帶去英國就是萬無一失的準備。最理想的情況是帶備由主診醫生根據所有病歷，以及最新的病情的醫療報告，方便英國醫生於短時間內掌握病人最全面的情況。

  → 出發到英國前，最好先在香港注射 COVID-19 疫苗，以保障自身安全，而且到步英國後，亦不可能短時間內接種當地的疫苗。

→ 到達英國後，請先行預約當地的家庭醫生，然後將主診醫生準備的醫療報告交給家庭醫生，再由家庭醫生轉介至適當的地方作進一步的跟進。

→ 由於是病情穩定的情況，一般要等比較長的時間才能見到腫瘤科的醫生，如需要服用藥物的話，建議帶備三個月的份量會比較穩妥。

5. 正在接受治療癌症病人銜接問題

· 對於現正接受抗癌治療的病人因為疫情關係，到達英國後需要隔離，而且到埗後即使立即預約家庭醫生亦未能於短時間內可以接見腫瘤科醫生，而且香港的醫療跟英國的醫療有一些不同，並不能確保兩地就著同一個病人、同一個病友作同一個治療方案，所以到埗後如果等候時間長，而且不能銜接特定的治療方案，對病情有著很大的影響，所以不建議正在接受癌症治療的病人移居到英國。

最後，明白大家想完全掌握到埗英國後自己的治療方案。老實說，即使是腫瘤科醫生亦未能就每一位仍帶有病症的病人，到達英國後的安排擁有十足把握。因為香港醫生不會充分掌握 NICE Guideline 內的治療方案，亦不可能就個別病人根據網上的 NICE Guideline 而確定到埗後一定會有的安排，而且病情亦有機會有變，所以以上文章只是讓大家有初步的認識，望請大家見諒！

2. 移民瑣碎事 —— 加拿大篇

特別鳴謝：Dr Herbert Loong，龍浩鋒醫生

1. 一般醫療問題

- 加拿大醫療系統幾乎只有國營醫療系統，沒有私營系統選擇。如果國民需要私營醫療服務的話，一般會選擇到美國接受治療。

- 不同省份都使用不同醫療系統，而且不同醫療系統是未能互通的，香港人移民的熱門地溫哥華（BC省）或多倫多（Ontario省）的醫療是不同的。

- 一般醫療問題都是由家庭醫生處理。如果遇到腫瘤的問題會由家庭醫生轉介至附近的癌症中心處理。

- 到達加拿大後，如果不是遊客的身份，而是有逗留權的情況底下，例如 Landed Immigrant，有 Work Permit 或 Student Visa 的話，都可免費享用加拿大的醫療系統。

- 到埗加拿大後申請醫療保障一般都是非常快得到批核。香港所購買的醫療保險未必能適合移民到加拿大後使用，因為一般是 Non-residential 性質，即是適合旅遊使用，而不是定居使用。建議出發移民到加拿大之前，要先知會保險公司將會移民的舉動，保險公司會進行 Underwriting，再作出書面通知是否會對移民目的地區的保險作出保障。

- 不同省份的醫療系統雖然不是一樣，但是醫療保障都是差不多的。一般涵蓋醫生診症費、住院費用以及住院期間所使用的藥物，但是其他藥房能夠買到的藥物都不是醫療保障範圍以內。

- 如有需要購買當地的醫療保險，請到達當地後向當地的醫療保險供應商查詢。

- 加拿大是實行醫藥分家的，醫生不會擁有自己的藥房。醫生處方藥物後，病人需要自行到社區藥房配藥，而藥費是需要病人自付的。只有大型癌症中心會有自己的藥房。

- 有很多移居到加拿大的香港人提到，在加拿大預約家庭醫生其實是非常困難的，因為很多地區的家庭醫生服務已經飽和。跟英國不同的地方，加拿大不需要限制病人所住的地區來預約家庭醫生。如果預約不到所住地區的家庭醫生的話，可以到鄰近地區的家庭醫生作預約服務。如果選擇比較多華人聚居的地區，有機會預約到香港人的家庭醫生，溝通可能會比較方便。

2. 緊急醫療問題

- 如有緊急情況，可致電 911 呼召救護車。如果在比較偏遠的地區，有機會需要出動直升機協助救援工作。

- 除了急症室以外，亦有 Urgent Care Center 服務，雖然不是提供 24 小時緊急服務，但是服務時間比較長，可以應付大部分主動到達求診的急症情況。

- 如果不清楚是否可以致電 911 求助，如遇到急事亦可以致電 911，職員會教導病人如何處理情況。

3. 一般癌症病人治療流程

- 如發現可疑腫瘤的症狀，需要先行預約家庭醫生。家庭醫生就個別情況寫轉介信到不同專科再作安排。

- 一般等候腫瘤專科醫生接見的時間，對比香港政府醫院的等候時間快捷。

- 治療療程，除了藥費以外，都是政府所涵蓋的。

4. 穩定性癌症病人以及康復癌症病人銜接問題

- 如果有香港腫瘤科醫生的轉介信件的話，有機會到埗後直接預約腫瘤科，不需經過家庭醫生。

- 請記緊把所有的醫療記錄，包括抽血報告、造影報告，以及影像 CD-ROM，以及其他病理報告等等帶到當地作進一步銜接的問題。

- 如果病情已經超過兩年穩定期的話，有機會是家庭醫生作進一步跟進，而不是腫瘤科醫生繼續跟進，這些都是跟香港的醫療系統有比較大出入的地方。

- 建議如果需要銜接當地醫療而又繼續服用抗癌治療藥物的話，最好帶足三個月藥物的存貨，以方便銜接期間的等候時間。

5. 正在接受治療癌症病人銜接問題

- 對於現正接受抗癌治療的病人，因為疫情關係，到達加拿大後需要隔離，而且到埗後即使立即預約家庭醫生，亦未能於短時間內可以接見腫瘤科醫生。另外，香港醫療跟加拿大醫療有一些不同，並不能確保兩地就著同一個病人、同一個病友施行同一個治療方案。到埗後如果等候時間長，或者不能銜接特定的治療方案，對病情有著很大的影響，而且藥費上亦有不穩定性，旅遊保險亦不會受保，所以不建議正在接受癌症治療的病人移居到加拿大。

最後，明白大家想完全掌握到埗加拿大後自己的治療方案。老實說，即使是腫瘤科醫生，亦未能就每一位仍有病症的病人到達加拿大後的安排，擁有十足把握。一般而言，加拿大治療方案跟香港非常類近，而且亦有大型的醫學研究可供病人選擇。治療選擇甚至能夠比香港更加前衛，只是在藥費支出上有不確定性，而且病情亦有機會有變，所以以上文章只是讓大家有初步的認識，望請大家見諒！

3. 買保險有用嗎？解構癌症治療費用及等候時間

特別鳴謝：黃俊仁先生（大型國際保險公司分區總監）

假設一位病人懷疑自己患上乳癌，經家庭醫生轉介到公立醫院外科乳腺科作進一步檢查的話，以現行醫管局的系統，倘若經醫生檢查後高度懷疑為乳癌的話，在公立醫院等候約見外科醫生的時間一般為八星期內，等候期的長短視乎病人是否需要接受進一步造影檢查以及抽組織檢查而釐定。

漫長的等待

一般情況下，如果病人無須接受進一步檢查，等候外科的時間會比較長，而病人獲安排首次見過外科醫生後，通常會被安排在公立醫院接受進一步乳房造影以及抽組織化驗，等候時間亦不短。

一旦病人確診，等待手術的時間亦可能長達數個星期。

手術切除後如要轉介腫瘤科醫生作進一步跟進治療的話，等候腫瘤科專科醫生的時間大約為四至八星期。

初次會面後，如需要進一步腫瘤治療的話，有機會要再等待另外四至八星期才能接受正式的抗癌治療。

簡單而言，一個嚴重的疾病有機會因為過長的等候時間而惡化，甚至影響生命。

縮減癌症治療等候時間 提升生存機會

如果想盡快處理問題，家庭醫生可直接轉介私家的外科醫生作進一步檢查。由檢查到確診，再到手術，然後再轉介到腫瘤科醫生進行後續治療方案，無疑可以大幅縮減等待的時間，而且越早接受腫瘤治療，生存機會越大。

但是用這個方案處理問題的話，治療費用會大幅增加，即使是沒有太大經濟困難的中產人士，面對這些醫療開支亦會覺得吃力。然而，隨著時間流逝，當病人意識到腫瘤隨時間惡化，相信絕大部分的病人都會希望使用僅餘的積蓄來處理有可能影響生命的健康問題。

由於腫瘤確實非常「得人驚」，絕大部分病人在等候公立醫院診症期間，都會先行到私家醫院作進一步檢查，至少如果確定不是腫瘤的話，便可以縮短擔驚受怕的時間！

如果在私家確診腫瘤，再經私家醫生準備轉介信的話，可以大幅縮短約見腫瘤科醫生的時間，亦是自救的良方！對於沒有全面保險保障的病人來說，以有限的保險保障，運用適當的策略，便可以提早確定自己的病情，提早啟動治療，再於公立醫院銜接相應的治療，這個亦是現行香港大部分病人用的方案。

公私營兩邊走 節省癌症治療開支

絕大部分香港人的保險保障並不全面，所以最終都要轉介到到公立醫院繼續進行抗癌治療；有保險的話，即使保險保障並不全面，可以應付部分治療黃金期的開支，然後銜接到公立醫院，間接提升存活率！

確診患上癌症後，除了昂貴的檢查及治療費用，亦要暫停工作，手停口停，在只有支出、沒有收入的情況下，很快便會耗盡積蓄。有部分病人的想法是耗盡積蓄後才依賴公立醫院的治療，這個某程度上是大錯特錯的想法，因為即使在公立醫院接受治療，大量抗癌藥物是自費藥物，只是公立醫院的藥費比私家的藥費便宜，所以千萬不要耗盡積蓄才回到公立醫院繼續就診，否則便會大失預算。

建議大家及早預約公立醫院腫瘤治療服務，在公家醫院以及私家醫生之間遊走才能省卻大量開支，走更長的路（有全面保險保障的病人除外）。

合資格患者可申請傷殘津貼 幫補治療開支

事實上，長期入不敷支的情況會對病人以及家人造成極大的經濟困擾！一方面難以長期負擔自費藥物，即使有藥物資助計劃，絕大部分的港人仍要負擔大部分的藥費，導致很多病人都自覺得是家庭的經濟負擔。

對於病人家屬來說，如果因為經濟問題而未能為病人提供最理想的治療方案，亦會感到非常內疚。一般來說，正在接受治療的腫瘤病人可以向社署申請傷殘津貼，用以幫補生活。絕大部分的病人只適合申請普通的傷殘津貼，資助金額為每月港幣 \$1,885，而雖然高額傷殘津貼達到每月港幣 \$3,770，但只有 100% 需要他人照顧的病人，即是手腳都失去功能，需要長期臥床，才能適合申請高額傷殘津貼。（請記緊，傷殘津貼只適用於正在接受治療的腫瘤病人申請。如已經康復的話，請將社會資源留給更有需要的病人！）

作為腫瘤科醫生，眼見以上種種都令病人以及家人造成精神上極大困擾，所產生的負能量絕對可以影響治療的效果。由於這些故事每一天都正在發生，希望可以藉著文章提醒各位知道保險的重要性，從而減少這些令人心酸的情況一而再、再而三地發生！

4. 保障大不同！分清一般保險種類 及早未雨綢繆

經常都聽見病人發牢騷，訴說：「保險要 Claim 時方恨少！買保險易，Claim 保險難！」之所以出現這個情況，皆因許多病人並不清楚不同保險產品所涵蓋的保障範圍。簡單而言，就是「亂買一通」，所以 Claim 保險時「頭頭碰著釘」！不少人在購買最適合自己的保險方案之前，都沒有了解清楚自己的財務狀況，以及不同保險產品的性質，部分人更心存僥倖，購買保險只是為了「看門口」，一心想著不幸的事情不會發生在他們身上，甚至只是購買一份偏重儲蓄成份但醫療保障極低的保險，希望即使 Claim 不到保險也不會蝕錢給保險公司，誰知六合彩多年未中，但……

分清醫療、危疾保險 了解清楚保額及不保事項

事實上，根據數據顯示，癌症病發率正不斷攀升，保守估計，本港每四位男士便有一位在一生人當中會患上癌症；而女士每五位就會有一位中招，可謂極之普遍，而且確診年齡越趨年輕化。倘若在年輕時確診患癌，往後受保的機會便會大大降低，市民要多加留意！

絕大部分病人在確診癌症的一刻，都會一廂情願地以為自己過往購買的保險，一定可以為自己帶來充足的保障，這絕對是一個危險的想法！首先，絕大部分病人都不清楚自己購買了哪一種保險，甚至只認識人壽保險，而無法分辨醫療保險和危疾保險。

對於一般沒有患病經歷的人而言，實在難怪他們不清楚保險產品的保額及不保事項。由於對現行的醫療制度及醫療開支欠缺認識，即使保

險從業員努力講解各種保險產品的保障範圍，在一般人眼中，容易變成保險從業員「Hard Sell」自己的保險產品（在這先為一些盡責的保險從業員平反一下，由於他們越是盡力，便越是被人覺得「Hard Sell」。但若客戶從來未試過 Claim 保險，就不會意識到保險從業員的重要性，真的是眼淚在心裏流）。

住院保障一般不涵蓋日間癌症治療

對不少人而言，與其未雨綢繆，用額外的款項去準備一些未必需要的開支，倒不如今朝有酒今朝醉，去趟旅行有益身心，而不希望用一個業界認為所謂合理的價錢，去購買一份適合自己的保險產品，應對當自己患上危疾時需要支付的醫療及日常生活開支。

舉一個常見例子，不少病人在十多年前跟朋友買了醫療保險，但絕大部分只是涵蓋住院保障。假設保額一般是十萬到二十萬不等，即危疾保障也大約只有 20 萬，而且病人通常只是在醫療和危疾保險之間二選其一，有買住院保險就無買危疾，或者有買危疾就無買住院。不過，由於現時腫瘤治療大多在日間中心進行，一般住院保障並不涵蓋。

以一個剛剛確診 HER2 受體陽性的乳癌病人為例，手術費大約為十至二十萬不等，有可能已經用盡所有醫療保障，甚至需要倒貼，更遑論之後的標靶治療新藥以及電療方案。一般所需大約港幣二百萬一年。若然病人在公立醫院接受治療，固然可以節省不少醫療費用，但亦需要十萬至五十萬不等，視乎使用正廠藥還是副廠藥，單標靶還是雙標靶等因素。

公立醫院等候需時 私家治療收費昂貴

　　絕大部分病人在手術後都需要轉介到公立醫院，等待接受進一步術後治療方案，但由於等候腫瘤科新症約需四至八個星期；另外亦要再等四至八星期才能開始術後治療，即一般要等大約八至十六星期不等，才能正式啟動治療，因此不少病人會選擇在等候公立醫院的期間，先在私家診所先行開始治療，但所費亦不菲，要動用儲蓄，甚至要一家人夾錢醫病。其實醫病以外仍要開飯，假如有錢醫病、無錢開飯，實在是悲歌，因此希望和大家深入探討這個情況，好讓大家未雨綢繆！

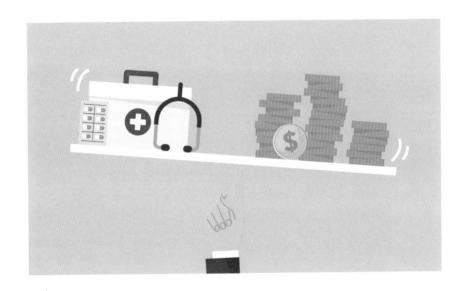

5. 什麼是危疾保險？

危疾保險是確診重症（癌症、中風、心臟病、腎衰竭、主要器官移植、多發性硬化……）後的一次性保險賠償，用於支付危疾或重症所導致的全部或部分相關醫療費用。部分病人會利用賠償金額來支付生活日常開支，亦曾經見過有保險保障充足的人，甚至利用這筆賠償作買樓之用。事實上，一旦病人符合標準，便可以得到一筆過的賠償，並沒有限制受保人如何使用這筆資金。

癌症病人康復後仍有復發風險，更曾經有病人同一時間患上四個腫瘤，但隨著醫療發達和保險產品漸趨成熟，現時一些危疾保險可為受保人提供多次性保障，即第一次索償後，再為受保人額外提供第二次嚴重疾病（如：癌症、中風及心臟病）的保障。由於多次性保險產品的保障較為全面，因此普遍保費較高，同時注意這些保險計劃只適合於未病發時購買，一旦已經確診腫瘤，即使已經痊癒，亦較難購買到這類型的保險產品。

除了癌症之外，即使患上其他重症或長期病患，亦較難購買危疾保險，因此大家務必要預早規劃自己的健康保障！

6. 什麼是住院保險？

住院保險一般提供實報實銷的保障，以支付病人住院時的醫療開支。一般住院及手術保障內的每個項目均設有賠償限額，按不同的病房（私家病房、半私家病房或普通病房）提供不同的保障額。不少病人就職的公司都有為員工提供不同類型的住院保障，以致病人誤以為自己有公司的住院保障，便無須買個人的住院保險，但到轉工後年紀較大時才購買住院保障的話，保費一般會較高，而有些更不幸的情況是，轉工時才確診患上癌症。

雖然絕大部分癌症治療都可以在日間中心進行，但大家要切記住院保險並不能涵蓋這些治療方案！如果要強行將日間中心的治療變成住院治療的話，便需支付不少額外開支，例如病房收費。如之前曾經接受過手術，亦牽涉護理費，而住院期間的藥費亦一般較貴，加上化療只是雜費項目，很快便會「扣爆」病人的住院保障，結果得不償失，勸大家要想清楚才用這個方式 Claim 保險。如身邊有資深保險從業員的話，一般都會提醒病人這些事項。但如果保險從業員的經驗尚淺，作為醫生的我們面對這些情況，事實上也非常「勞氣」。

7. 什麼是醫療保障？

高端醫療保障，一般設有每年賠償限額及個人終生賠償限額，為住院及手術等保障項目提供全數賠償。保障範圍亦較全面，惟保費比較昂貴，而且保費升幅亦會有一定程度的不穩定性。如果同一個保障之內，每年都有很多病人 Claim 保險的話，保費升幅便會攀升，不太合乎成本效益。

什麼是自願醫保？

「自願醫保計劃」是食物及衞生局（「食衞局」）推出的一項政策措施，以規範保險公司的個人償款住院保險產品。在自願醫保計劃下，參與的保險公司提供經認可的個人償款住院保險產品，而且保費亦可作扣稅之用。

「自願醫保計劃」下的認可產品由食物及衞生局認可。認可產品必須符合多項標準產品特點，以提升對消費者的保障，當中包括標準化的保單條款及細則、保證續保至 100 歲，以及更全面的保障範圍等。

自願醫保計劃並不涵蓋以下保險產品

- 非住院醫療保險（例如門診服務），但門診的影像檢查服務是涵蓋的；
- 非償款性質的醫療保險（例如住院現金、危疾現金保險）；
- 屬於由僱主為僱員購買的團體保險。

據觀察所見，大部分保險從業員會為客戶提供自願醫保以外其它保險產品延伸計劃，希望為客戶提供比較理想的保障。

　　一個資深、有心，而且為客戶負責任的保險從業員，理應能夠跟客戶「坐定定」，按著客戶的經濟狀況、家庭需要、最新的醫療開支數據，度身訂造不同的保險組合，並且定期 Review。很多時候，即使保費不算最昂貴，但保障也可以做到最充足！絕對建議大家要好好為自己及家人作最適當的準備！

　　由於醫管局的系統已經不勝負荷，建議大家及早制定自救方案！同時亦建議大家，如果之前已經購買保險，都應該定時定候跟保險從業員 Review，定時檢視現有保障狀況，申請移除現有保單的特別條款（加價或不保事項），以及考慮轉移舊有醫療保單到自願醫保計劃。

參考資料
https://www.hkacs.org.hk/tc/medicalnews.php?id=213
https://www.vhis.gov.hk/tc/info_centre/faqs.html

8. 曾經患癌，還可否投保醫療、人壽保險？

特別鳴謝：黃俊仁先生（大型國際保險公司分區總監）

對於曾經患上癌症的人士，到底還能否投保醫療、人壽等保險產品，是一個極其複雜的問題，絕非單單「Yes or No」便可以輕易解答，須按投保人的情況而定！

以乳癌為例，因應確診時的期數，核保的情況亦大有不同。若然確診時屬一期乳癌，患者完成治療後相隔一段時間，仍然有機會購買不同類型的保險產品。然而，若然確診時已屆第四期乳癌，患者便不太可能投保保險產品。

核保條件受癌症期數影響

由於腫瘤情況可以相當複雜，建議大家如果曾經患上癌症但如今經已康復，不妨向保險公司查詢清楚，透過向保險公司提供全面的醫療報告，保險公司便會進行 Underwriting，即根據指引判斷投保人是否適合相應保險產品的申請，以及釐定投保人有否不保事項，或是否需要加「額外保費」（俗稱：加 Loading）才可投保。

即使保險公司判定投保人需要加 Loading，隨著投保人的康復年期增長，投保人往後亦可以向保險公司提出覆核，成功的話便可以取消 Loading。雖然過程比較繁複，但在有需要的情況下，醫療保險始終能夠為日後有可能需要負擔的醫療開支帶來較佳保障，因此大家千萬不要輕易放棄！

9. 人壽保險逆按 幫補醫療開支

　　若然經保險公司審查後，判斷投保人只適合購買人壽保險，筆者仍然建議大家購買，皆因假若他日患上危疾，即使需要動用家庭成員的資產醫病，至少日後仍可讓家人擁有人壽保險的保障。而且，部分保險公司亦會因應病人的情況作特殊的批核，例如在病人還未過身的時候，因應病情需要，預先批核使用之前所購買的人壽保險，解燃眉之急；亦有保險公司會為投保人安排人壽保險逆按的貸款安排，這些都是不可不知的保險瑣碎事之一。

　　希望以上分享能夠幫助大家加深對保險的認識，好好保障自己及家人！

Chapter II
Cindy醫醫感想集

1. 我的四「十」宣言

「柴九名句：人生有幾多個十年？」

確實，未必有好多個十年，驀然回首，由三十歲到四十歲，這十年發生的事實在太多太多……結婚、生女、成為專科醫生。由公立醫院轉戰私家，好肯定三十歲嘅我諗唔到四十歲嘅我已經離開咗 HA。

我的四「十」宣言

為了遇見五十歲更好的自己，我要為自己訂立十個宣言。為之四「十」宣言，希望提醒自己不要浪費「下一個十年」：

1. 拒絕做「爛」好人，除了 Say No，還要堅守底線！

2. 從前介意別人怎樣看自己，現在無時間介意別人怎樣看自己，將來不會理會別人怎麼看自己，只集中精神做自己認為是對的事！

3. 繼續 Do my best let God do the rest！但要適當嘅時候對自己收順 D！（體力和精力都在下降中！）

4. 繼續要有冒險精神，因為人生高低起跌輸得起！

5. 要學習變得強大，不會主動得罪人，但不怕得失人！

6. 拒絕被冒犯，拒絕成為負能量收集器！

7. 要積極對自己好 D！減少「Chur」自己！

8. 要提醒自己安排高質家庭時間！

9. 要持之以恆做運動，加油！

10. 要努力凍齡！（要同兩個女做好姊妹！！）

如果將來疫情減退，大家有機會相聚，也許大家覺得我變了。其實，昨天的我是這樣，今天的我是這樣，五十歲的我都會是這樣，只是見解不同了，處事方式改變了，更有效率了。但我仍是我，懂我的都會替我感到開心。

"It's so hard to get old without a cause.

I don't want to perish like a fading horse.

Youth's like diamonds in the sun.

And diamonds are forever.

So many adventures couldn't happen today.

So many songs we forgot to play.

So many dreams swinging out of the blue.

We let them come true."

Lyrics from song ~ "Forever Young"

2. 善良的底線

見到大家喜歡我嘅文章，我好開心，一直以來，我都非常希望在診症室以外，可以用我的專業，用我的所見所聞，我的感想分享出來，希望可以支持正在水深火熱嘅病人。

寫文章是我減壓嘅方法之一，我亦非常清楚對外用醫生身份分享文章有好處，亦有壞處。好處當然是有說服力，減省病人需要對技術性文章 Fact Check 的需要，因為網上充斥著 Fake News！至於有關感想的文章，希望為大家打打氣，亦希望提提大家小心重蹈覆轍！既然係網上的公眾平台，亦歡迎各位留言，好的壞的我都會接收，希望能夠成為一個「樹窿」畀大家宣泄一下，因為「負能量」對身體有害，放得幾多就幾多！

我的公事日常

自從更加多嘅人從 Facebook 認識我之後，我和助手的日子並不好過啊！！！我們本身已經係好忙，現在更加係忙上加忙（多咗好多唔同渠道嘅查詢）。我們經常在診所忙到自言自語同埋傻笑，或者簡單地同大家分享一下我嘅日常，每天返到診所還未到九點，便開始「交易現場」時段，先係處理大大小小文件（處理醫療報告、保險文件、部分 WhatsApp 病人群組查詢事項……因為二十四小時不斷累積中）。

九點開始睇症，無間斷睇到六點，有時上午時段及下午時段在不同診所進行。診症期間，除了處理坐在面前的病人之外，還有其他醫生、醫院、病人、病人家屬、朋友、老師、校友、唔識嘅人致電（最特別嘅地方，大家都是希望即時通電，但 Cindy 只係有一個），大大小小唔同緊急程度嘅事都在診症期間穿插著我的思想。

診所時段完結之後，我才開始我的下半場，到不同的醫院巡房，處理電療設計直至夜深，期間病人 WhatsApp 群組已經累積數以百計問題。我非常明白每一位想與我直接通話嘅人都係有重要嘅事，但緊急程度各有差別，所以經常提醒大家，所有事情最好集中在群組內討論，因為即使在電話討論，大家都有慣性忘記內容的習慣，所以必須要定立善良的底線，才能有效率地處理所有問題。要不然，多多 Cindy 醫醫都唔夠。

為何是「善良」的底線？

其實絕大部分的病人都是非常非常合理的，只有個別病人或者家人會偶然有不合理的要求。或者大家可能會覺得私家醫生無公立醫院醫生咁忙，又或者誤以為私家醫生＝私人醫生，可以隨傳隨到。實情係，現在應該有非常多人有我嘅電話號碼，一個可以直接「刮」到我嘅電話號碼。如果可以有獎的話，應該可以有個「勇氣可嘉獎」，因為從來未想過退縮，從來無因為越來越忙而取消病人群組嘅安排，無因為忙而取消義診，亦無因為忙而減少寫文章，所以每天的工作量有增無減，並不是大家想像中的「輕鬆」，所以必須定立「善良」的底線，拒絕做「爛」好人，才能持之以恆地運作。

除了「善良」底線，新症病人的安排亦有新的編排，為了希望將我的小宇宙發揮到最盡，我會主力集中照顧乳癌病人，因為腫瘤資訊真的是日新月異，集中照顧某類型病人可以減省用大量時間 Update 不同種類的資訊，要知道學海無涯，現在醫學新資訊發達的程度更加是匪夷所思，必須集中火力某些範疇才能提升效率！

我是一個非常幸福的醫生，我身邊都充滿著愛惜我的病人，大家都經常提醒我要小心身體，大家都擔心我遲早出事！我必須要調整，定立善良底線，調整 Cindy 醫醫的日常，專心照顧信任我的病人，一起繼續每天成長，共勉之！

3. 「解結」專員＋心靈加氣站＝十全大補心靈雞湯

「睇症睇得慢」係我嘅口頭禪，每日門診加埋住院病人極其量可以照顧到二十個病人（未計病人 WhatsApp 群組及其他群組查詢），之所以睇症睇得慢係因為差不多每個病人都要飲心靈雞湯，仲要係好補嘅湯！

好多病人覆診的時候就好似一個漏氣嘅公仔一樣，一路睇症除咗了解病人最新狀態，檢查病人，講解唔同嘅報告，病情嘅進度，治療嘅進度之外，亦都會吹下水，美其名「吹水」，實質係慢慢地探索心靈的每一個櫃桶，希望可以找到「心靈枷鎖」，然後用時間同埋耐性同病人及其家人一步一步慢慢解鎖。

整個過程就好似「解死結」同「幫病人吹埋氣」一樣。不難發現如果心靈枷鎖解鎖成功的話，就好像成功找到漏氣公仔漏氣的地方，修補後加氣便減少洩氣，一日未能成功解鎖，都要經常回來加氣，所以必須要花多些時間解鎖，加咗嘅氣先至可以「襟」用啲！

死結為何很難搞？

經常打比喻，心靈嘅枷鎖就好似一個「死結」一樣，大家見到都覺得「好惡搞」，要解死結需要大量耐性，亦都要循序漸進。

首先，要建立良好的醫患關係。不單止同病人建立，亦要與家人建立，建立良好嘅醫患關係只係將個「死結」鬆一鬆，然後每次覆診試下鬆一鬆個結。有時候亦需要藥物輔助，常見要用嘅藥物有鎮靜劑，因為大部分病人都處於焦慮狀態；有些比較嚴重的病人可能需要重一點的鎮

靜劑，才可以舒緩突發性的驚恐症；有些病人更為嚴重，會處於抑鬱狀態，便需要用一些「開心藥」，那就是「血清素」，即是抗抑鬱藥物。

由於腫瘤病人的情況比較複雜，同時間有些病人亦需要用比較多嘅止痛藥，有些乳癌病人亦要服用抗癌的荷爾蒙治療。那麼，腫瘤科醫生便要分析哪些精神科藥物是不適合服用的，所以有些時候腫瘤科醫生亦是半個精神科醫生！要熟悉精神科的藥物同腫瘤科常用藥物之間有甚麼常見踩地雷的地方！

其實治療腫瘤已經係令病人非常心煩，這個時候建議病人見心理科醫生及精神科醫生，就好像要他們的心靈及荷包上百上加斤一樣，所以腫瘤科醫生有些時候都要頂硬上，做埋呢兩分，因為絕大部分病人的焦

慮源自對病情嘅不了解（甚至係曲解），所以腫瘤科醫生應該係最適合解鎖嘅人。

有好多病人擔心，服食精神科藥物會上癮，所以要經常強調，精神科藥物從來都是過渡性質，治本要從根本做起，要解開心靈嘅枷鎖，要一齊「的起心肝」解死結。這些輔助的藥物，只是讓解「死結」嘅過程比較順利一點。

其實最近由於疫情嘅關係，加速咗好多病人漏氣嘅速度，覆診都密咗。希望可以透過這文章同大家分享，如果大家有共鳴的話，都可以留意一下自己漏氣嘅速度，自救一下，幫自己尋找一些放負嘅技能，自己煲自己嘅雞湯。可以的話，多咗嘅雞湯甚至可以用嚟幫助身邊有需要嘅人，一齊努力加油！

4. 人生得「閒」須盡歡

曾經講過如果今天是我最後的一天，最大的遺憾是沒有好好陪伴我的兩位女兒！明知這是最大遺憾卻沒有好好正視，都是香港人最大的通病，縱容自己「遺憾」成為真正的遺憾，皆因大家都無好好正視生死，而且香港人真係好鍾意返工！

所以，我決定不再以忙為藉口，縱容自己遺憾。

經過一系列調整措施，終於能夠忙裡偷閒，然後人生得「閒」須盡歡，亦要好好調整自己的身體（要好好正視骨質偏低），才能持之以恆地追夢。

定時定候審視自己的需要，好好感受自己身體，好好感受身邊的愛，簡簡單單的一家人看日落已經覺得幸福滿滿。

愛要及時　# 不要愛得太遲

5. 愛要及時，愛自己更加要及時

昨天風和日麗，剛好不需要巡房，決定同兩個女兒玩得放一點！一家四口去了大尾篤踩單車，然後再踩鴨仔船。

難得郊外走一轉，我中暑了！

夏日炎炎，加上大部分時候係烈日當空，由於疫情以來絕大部分時間都在工作中，假期的時候亦由於要巡房的關係，甚少到郊區走走。結果，兩位女兒非常盡興非常滿意！

對於平日鍛練有素的夾爸，這些只是 A piece of cake！對於我這個大部分時間都在工作，都在冷氣中腦部運動，而且嚴重缺乏肢體運動的我來說，已經深感不妙，其實我真係好怕病，我真係好鍾意返工，我真係好鍾意我嘅工作！

除咗出動太陽帽、雨傘、風扇以及大量飲品，基本上大部分時間都躲在樹陰之中，即使是坐單車，也是老公踩車，我就有如皇后一樣的坐車，竟然我仍會中暑。

回家後，周身不適想嘔又嘔不出，持續絞肚痛，亦未能正常排便，在廁所過咗大半晚。同時，我亦由於不能睡眠，好好思考自己為何這麼屌弱！

自我檢討

從前中學的我，其實是泳隊以及田徑隊的成員，自從考入港大之後，就只有埋頭苦幹向人生的目標進發。

成為醫生後，大家每一句：「醫生，我靠晒你喇！」，亦是我勤奮工作的動力。

從前的我，即使不用這麼多的保護也能輕鬆自如。現在的我，簡直不堪入目。其實病人們也經常提我要好好愛惜自己的身體，只要保持自己的健康才能保護他們的健康！只是人往往是有一種慣性，不到生病的時候就不會感到健康的重要性。

每一次生病都提醒著我嚴重忽視自己的健康，對於這個清新空氣不耐症（未能享受放假時的清新空氣，放假先病——自創的），再加上放假時輕鬆的心情導致護體的皮質醇下降，令病魔有機可乘。我真的要藉著這個機會好好反省，要多些同陽光玩遊戲，同囝囝享受天倫之樂，真的要時刻提醒自己，「愛要及時，愛自己更加要及時！」

身體過勞，遲早要還，早還早享受，遲還連本帶利健康破產，共勉之！

P.S. 由於今天要診症，皮質醇護體下我已經大致康復，大家不用擔心我。我已經提早回家休息了。

6. 哪些癌症教曉我們的事（1）── 凡事收順 D，復發都少 D！

無數嘅病人都講過覺得好唔甘心、好唔抵，因為她們從來都非常注重健康，不但沒有不良飲食習慣，而且作息定時又有適當運動，無食煙、無飲酒，又無家族史，亦都無做過任何傷天害理嘅事，點解會生 Cancer！相反，有些又煙又酒嘅人又好好地，乜事都無，真係令人好唔憤氣。

即使現在醫學科技發達，醫生仲未有方法可以準確掌握每位病人之所以患癌嘅原因，「唔好彩」就變成唯一嘅原因！向來鍾意同病人吹水的我，其實發現好多病人都有一個共通點，就係大家不知道自己用好大嘅力氣去維持健康嘅生活習慣！結果無時無刻都活在壓力當中而不自知。（e.g. 連食碗公仔麵都覺得好邪惡！）

Cancer 來自壓力嗎？

其實這些類型的人唔單止係生活習慣上無時無刻都有無形壓力，其他所有大大小小的事都是追求完美而不自知。大部分都是非常能幹的人，所以一旦有病嘅時候，都會覺得好「大鑊」。一方面好難接受自己有 Cancer；另一方面覺得如果自己要停下來醫病的話，頭家會散，同事會好大鑊，唔好意思做死 D 同事，Stop！有病嘅時候竟然還是在為他人著想，有無諗過其實這是一個病態！甚至是「變態」！變態而不自知，更變態！！相反，又煙又酒又經常爆粗的朋友，因為他們實在太過善於釋放負能量，反而身體健康！不要誤會，我不是鼓勵大家食煙飲酒同爆粗，而是想強調「負能量」比一級致癌物更加毒！！

Cancer 的啟示，讓自己懂得更多

經常同病人分享，不要將生 Cancer 諗成人生嘅一個 Full Stop！應該是一個 Pause！如果沒有這一個 Pause，你不會有呢個機會停下來，好好反思一下你嘅人生！生老病死係每一個人的人生嘅必經階段。如果在人生比較早嘅階段便要面對生 Cancer，這個苦難可能係對你有一些信息！一些人生的體會！不難發現，到病的時候才發覺原來自己好幸福，身邊原來有好多關心自己的人（甚至有太多人關心，覺得好煩），亦有人發現，原來自己「好襟捱」！畢竟從前健康嘅生活習慣，令佢哋接受治療嘅時候承受副作用嘅能力都比較高，所以之前嘅努力其實沒有白費！

趁著治療腫瘤這個長假期嘅時候，可以好好反思一下，Pause 完結之後你想過怎樣的下半場！在此，我想溫馨提示一下大家，學會「凡事收順 D」，你嘅下半場一定會好過 D，你嘅家人亦一定會好過 D！千祈不要輕視負能量對身體嘅影響！要知道，對每件事都過分執著未必有你預期嘅效果，但當中引起嘅負能量對你嘅身體一定有影響，對你的家都一定有影響。「學會收順 D，負能量都少 D！」

人嘅身體同埋心靈都總有瑕疵，接納不完美，凡事收順 D，病痛都少 D，這個是一世人的修行，我們大家都要努力！

7. 哪些癌症教曉我們的事（2）── 點樣為之收順 D？

之前同大家講過收順 D，身體都好 D！但如何可以做到收順 D？其實知易難行，每天都要持續修煉！簡單一些說，每當你遇到有一些你覺得唔係好順嘅事，你覺得有壓力嘅事，都可以停一停、諗一諗，唔好畀自己中自己嘅圈套！

要健康就要收順 D

其實每一日大大小小嘅事都有機會係完美主義 Set 嘅圈套！簡單如食飯，其實已經好多病人好煩惱！！100% 病人都會問關於戒口嘅事。其實西醫角度來說，除咗高血壓、高血脂、糖尿病、痛風症和過敏症有關的病等等，一定需要戒口之外，大部分疾病包括腫瘤，一般都無需要戒口。腫瘤科醫生一般都會建議均衡飲食，注意衛生，多菜少肉，紅肉比例要比較少，避免用高溫烹調肉類，避免攝取過量熱量。對於乳癌病人，我們會建議避免進食含有雌激素成分的食物，整體來說，我們就只有這些建議了。

由於網絡世界充滿著氾濫嘅資料，似是而非，而且有些又 Outdate。再加上姨媽姑姐同埋大量朋友嘅溫馨提示，不難發現，如果跟足網絡資料再加埋親朋戚友嘅建議，其實乜嘢都唔可以食，即是說地球真係好危險，食乜嘢都有機會令腫瘤復發！食啖飯都好大壓力！食啖飯負能量都爆標！就算食有營養而又健康的食物都不會吸收得到，但一定會吸收到負能量。

一日又要食三餐，食足三餐負能量，真的是很「大鑊」！而且，大部分的飯餸已經是非常清淡，要極大嘅意志力先至可以長時間食淡而無味嘅食物，真是人都癲！所以記得要收順 D ！只要遵守基本大道理又食得開心是最重要的，間唔中讓自己放下假，一次半次放肆都是有需要的。不然的話，便會喪失抗癌嘅鬥志，得不償失。

隨遇而安人都輕鬆 D

除了食之外，日常生活每一件事都可以練習。如果你錯失一班車，你的心情可能好差，覺得浪費時間，或者這是一個天意，你可以一面等車；一面試下做拉筋練習，又可以一面練習靜觀，說不定下一班車少些人搭，坐得更輕鬆，永遠沒有人知怎樣的安排才是最好的，就讓我們嘅人生順著安排而行，就是所謂的收順 D ！

即使我是醫生，在別人的眼中事業有成，事事如意，亦並不是大家想像的活得那麼輕鬆！其實我每天都在不同的崗位打怪獸！我每天都是很努力地學習如何收順 D，對自己好 D ！大家要一齊努力！

P.S. 這張相是昨天我們一家到錦田打理田園時拍攝的，多功能公公和我在努力收割；爸爸和兩個女兒在 Hea。如果一個阿媽見到兩個女坐得咁「哩啡」，一點都不像女孩，還只看手機不幫忙！作為一個醫生，見到她們坐姿不正確會傷害脊椎，影響日後發展，看手機會傷害眼睛，亦會影響專注力，影響學習進度，好難唔「眼火爆」！但想深一層，又覺得這個畫面其實都幾溫馨，都係「收順 D」好。結果我家有一個美好的週末。

8. 哪些癌症教曉我們的事（3）── 對自己好 D，別做「爛好人」！

除咗學識要收順 D，仲要學識對自己好 D！經常發現，做老師、銀行業或者社福界嘅病人都很容易生 Cancer！一方面她們很善於虐待自己，經常挑戰人體極限！另一方面她們亦都有一些好識得虐待她們的上司，這些都不是世衞認可的一級致癌物！所以防不勝防！

爛好人的自虐事件簿

所謂「爛好人」就係曲毀自己成全身邊所有人的人！即是不懂得 Say「No」的人，即使 Cancer 都要一個星期才請病假的人，因為她們很有責任心，不但止要對上司負責，還要對同事負責，但是對自己不負責！最恐怖的是「爛好人」一般都係走火入魔，要她們 Say「No」，難過叫她們將工作做晒！要她們 Say「No」，她們會成晚都「瞓唔著」！

「完全唔覺得自己喺度虐待緊自己，好恐怖！」最恐怖的是：「爛好人」＋虐待人嘅上司＋自私嘅同事＝遲早生 Cancer！

這只是遲定早的問題。（溫馨提示：最好買重保險，因為保險公司還未識得將這些風險事項加 Loading！！）

劫後重生，重回工作崗位的「爛好人」，一般都會萬劫不復！通常「爛好人」都會以為放完病假之後，重回崗位嘅時候，大家都會對她們多些體諒，做事應該會順利一點，日子應該會好過一點！這些視乎彩數，其實出得事的「爛好人」，好多時候身邊都沒有多的好人，否則「爛好人」都應該不會出事，所以千祈不要期望過高！返得工，別人就預你正

常人一樣，而且要追回進度，千祈不要太天真！已經見過無數病人，復工後繼續日日夜夜被折磨，然後身體陸續出現唔同程度的問題，焦慮事小，抑鬱、復發事大，所以一定要學識保護自己，對自己好 D！

「爛好人」要脫「爛」！

那麼，如何脫「爛」呢？正所謂冰封三尺非一日之寒，江山易改，本性難移！脫「離」對於爛好人來說同戒毒應該沒有分別！劫後重新仍要返回舊路的話，「爛好人」將來一定會後悔，所以再難也要改變自己，對自己好 D！為咗份工無命，只會多一個花牌，多一些帛金，公司永遠「無話無咗邊個唔得」！但是對於家人來說，就是缺失了一個重要嘅成員！

首先，不做「爛好人」不等於做壞人！只是對不合理的事 Say No，而不是欺壓身邊的人！要糾正慣性把「不合理的事合理化」的思想，訂立善良底線！一旦過了咗底線，就要 Say No！通常最難都是頭幾次 Say No。練習多了，便熟能生巧！慢慢便會適應下來！

其次，千萬不要心存僥幸！以為時間會將身邊的壞人（e.g. 變態上司、自私同事）變走，這個發生的可能性很低，因為「爛好人」通常都會短命 D（變態上司、自私同事通常放負能力極高，身體都健康 D），鬥長命輸硬，所以要坐言起行，對自己好 D 嘅計劃要即時生效！

由於太多病人都是「爛好人」，從前的我都是「爛好人」，很多病人都提醒我不要步她們後塵，所以我已經 Level Up，戒做「爛好人」，我現在是一個合理嘅好人，大家都要一齊努力啊！

9. 哪些癌症教曉我們的事（4）── 「適者生存」新定義

今天剛剛參加一個有關乳癌治療嘅中西醫座談會，對於乳癌嘅成因大家嘅睇法基本上是一致的，就是壓力！過量嘅壓力造成肝經鬱結，乳房在肝經的位置，所以不適當的壓力處理是導致乳癌的成因之一！那麼，這個跟適者生存有甚麼關係呢？

「適者」與「生存」

從來我們都認為適者生存嘅意思，係生物因應著環境嘅變化改變自己變得更加強大，才能適應一個又一個嘅難關，才能繼續生存！大家都深明適者生存嘅道理，所以大家都好善於將自己嘅壓力推至巔峰（不論是事業上、家庭上），繼而引發肝鬱，引發癌症！

其實，我們應該要點樣演繹「適者生存」？何為適應？我們應該要適應社會，還是要適應自己呢？那麼，要視乎你怎樣演繹何謂生存！人生在世，究竟我哋應該追求些甚麼？

一般「適者生存」的演繹就是為了世俗的所謂「成功」，所謂「贏在起跑線」，每天在鞭策自己兼鞭策身邊的人，無論是生理上或是心理上，要成為社會上所謂的「贏家」，便是所謂的生存！

但是，經過癌症洗禮而又劫後餘生的病人，都不難發現原來平平無奇的平平安安並不是唾手可得。因為一旦確診癌症，就好像身上有計時炸彈一樣，就算成就有多高，收入有多高，財富有多大，一旦炸彈爆發，萬般都帶不走！

正所謂「經一事；長一智」，劫後餘生而又比從前活得更精彩的病人，一般都對適者生存有一個新的演繹，就是適應自己來調整生存！簡單一點來說，就是要認識自己，認識自己的極限，從而調整工作環境（拒絕做爛好人＋對自己收順 D＋對自己好 D），或者選擇適合自己嘅工作，而不是改變自己來適應工作！正所謂知己知彼百戰百勝，抗癌嘅戰爭亦是同樣道理，要先認識自己，適應自己，抗癌路才能事半功倍！

Chapter III
一起走過的日子

1. 癌症四連環，資深病人活得自在！

　　相片中精神飽滿的光英，今年已經七十六歲，驟眼看來，他比一般同齡嘅老人家更加精靈！除咗食得、瞓得、屙得、行得、走得，仲帶一點幸福肥！又有哪些人可以想像他曾經歷的風浪是一般癌症病人的數十倍呢？

　　除了一般嘅三高（高血壓、高血脂及高血糖）外，七十歲後的他迎來癌症第一劫，先是 8cm 肝腫瘤（Hepatocellular Carcinoma，簡稱 HCC），切除大部分肝臟之後，又發現胰神經內分泌瘤（Pancreatic Neuroendocrine Tumor，簡稱 PNET）以及左邊腎癌（Renal Cell Carcinoma，簡稱 RCC），幸好病情一直穩定。

　　直至 2019 年，即七十四歲的時候再患上第四個腫瘤——ALK 陽性肺癌！！！！經立體定位電療後，情況一直受控。但是，由於標靶副作用導致頭暈眼花，在診所內跌倒引致骨折，住院兩個月，期間更因為抗生

素引起急性腎衰竭徘徊生死邊緣，幸好最後都大步檻過。現在雖然四個腫瘤的病情都大致穩定，但 PSA（癌指數）正在升高，可能要面臨第五個腫瘤，但他卻處之泰然。

對於一般病人而言，劫後餘生仍然每日擔驚受怕，時時刻刻都在擔心腫瘤會復發，但是他卻時時刻刻都帶著四個炸彈，莫說是病人，醫生見到他的病歷都會感到非常頭痛。

光英曾經因為簡單的皮膚粉瘤發炎，同時因為他的病歷驚人而被醫生拒之門外，亦因為見盡不同醫院不同科目嘅醫護人員而令他和家人 Level Up ！如今的他和他的兒女已經見慣世面，完全掌握如何為自己制定合理期望的治療方案，抗癌路亦變得輕鬆自在，關關雖然難過，但關關都過！

或許正正是他這一份處之泰然的態度，讓他與癌共存，每天都活得輕鬆自在，甚至有一點幸福肥！希望他這份正能量能夠感染到大家！

2. 芒果仔的見證

2014 年某天的上午，我如常地在醫院診症，在廣播器中叫過個病人名字之後，進來診症室，一對夫婦用著「雙眼發光的眼神」望著我，感覺怪怪的，兆基——芒果仔（肚內的腫瘤有如芒果大，時大時細）先打破沉默，告訴我他每天祈禱就是希望可以見到我。（請大家不要誤會，他的太太也在場的！）

與芒果仔的緣份

他們之所以興奮是因為他們在 YouTube 見過我，因為我曾經出席過一個有關腸胃間質瘤的講座。他們認為我是一位能夠幫到他們的醫生，所以非常興奮。就是這樣，我便一直照顧芒果仔，直到 2020 年 3 月 24 日，我們短暫的告別，因為他要返天家了。

在這差不多六年的時間裡，我們所經歷的實在是太多太多，先是標靶治療成效太好，腫瘤萎縮太快導致腸出血。情況穩定後，又要經歷申請基金資助的重重難關，第一線標靶抗藥後第二線標靶治療引發多種副作用，經常進出醫院。這些種種，令芒果仔及芒果太太由騰雞派幫主，在天父的帶領下，守護下，反而領略到平安的真諦。不但能夠領略自己真正的需要，懂得為自己選擇最適合自己的路，甚至倒過來支援其他教會內的弟兄姊妹。這些都令我改觀了，太多巧合，太多安排，令我這個沒有信仰，只是相信自己的腫瘤科醫生改變了（當中同時亦發生很多個「一起走過的日子」）。

最令我深刻的印象是送別你的最後一次入院。芒果太太跟我說你總是怪怪的，經安排後由芒果太太及教會弟兄將你送進醫院。那個時

候你是步行入院的，你還認得我，在病房內安頓好後，你便一直昏睡了，用的只是普通的鹽水及非常簡單的止痛藥，沒有任何嗎啡，沒有任何鎮靜劑，就是那麼的平靜，那麼的平安，你便返天家了。

這些都令芒果太太覺得難以置信，如果這件事必定要發生的話，大家都覺得天父真的太偏幫你了，整件事都是比自然更自然，一點痛苦也沒有！這一切都令芒果太太少一份遺憾。

生老病死從來都是我們的必經階段，每個人都必須要面對死亡，而每個人亦不會知道那個時候需要面對死亡，信仰並不能令我們豁免死亡，但卻能幫助我們以及身邊的家人在經歷死亡的時候而經歷不一樣。

並不是每一個有信仰的人都能享用那份平安。在患病經歷中感受天父，或許就是累積那份平安的竅門。我一向很少在寫文章的時候強調自己是基督徒，我總是覺得要宣揚基督大愛的精神不是時刻都掛在嘴邊，而是身體力行，感染身邊嘅人，讓身邊的人打從心底裡欣賞自

己，繼而了解自己的宗教信仰，甚至想更深入了解這個信仰。

　　芒果仔，你做到了！所以你能得到珍寶獎！但願將來我返天家的時候，也能得到珍寶獎。

3. 差點被嚇死的柏根！

還記得差不多兩年前在病房見到你的第一天，剛被診斷患上肺癌的你有如盲頭烏蠅一樣，而且深信死亡只是近在咫尺的事。雖然已經是第四期肺癌，但只有小部分肺部及肺膜被癌細胞影響，其他主要器官都沒有問題，而且絕大部分肺部功能仍然正常運作，短時間內理應沒有生命危險。

良好心理質素有助病情掌控

其實，絕大部分病人都跟柏根一樣。一旦被確診患上腫瘤，就會坐唔安，食唔落，失眠，周身都唔舒服，這些症狀都跟他們病灶的位置沒有關係，只是驚恐在搞鬼，即是所謂的「身心病」。因為疑神疑鬼而引發身體多種不適，由於瞓唔好、食唔好，短時間內極速瘦身！而很多人又曾經提及過如果體重輕得快的話，好快就會無命！！！所以很多病人真心覺得自己很快就會無命！！但這些瘦身並不是腫瘤本身引發的問題，而是心理引發的問題，所以癌症單是靠嚇，都可以嚇死一部分病人！

皮質因子基因突變（EGFR）是其中一種肺癌常見的基因突變，對於某些類型的皮質因子基因突變的肺癌患者，口服標靶的治療成效顯著，所以柏根的情況很快已經受到控制，只是皮膚的副作用越來越大。但是，隨著柏根的心理素質「升呢」，他自己幫自己克服一個又一個嘅難關，甚至看破生死，主動要求預先處理預設醫療指示（AD, Advance Directive），為自己晚期的時候制定最適合自己的方案。

經常有人問：「為何大家的病情一樣，同一樣的治療會有不同的

效果？」

　　這個也是醫生未能完全掌握的！即使我們已經是跟著醫學指引，跟著醫療數據用藥，總是有些人的成效非常顯著，但有些人則是毫無效果。或許，就是這樣「升呢」的境界幫助柏根，提升治療效果！

　　作為醫者，我們總不能保證治療一定有成效。但我們可以在適當的時候，給予適當的輔導和指引，減少人被嚇死的情況，才能讓藥物有機會發揮功效！所以大家要一起努力！

4. CA 19.9>20000 x 18 個月的德財！

2019 年夏天，你剛剛確診第四期膽管癌，轉介到公立醫院開始治療，似乎對退休公務員的你最為適合，因為可以節省大量治療費用。由於在公立醫院等候，開始治療需時，準備開始治療之前，你和家人決定到日本先輕鬆一下，才進行心目中的地獄式治療。但是，在短短兩個星期的旅程內，不但旅程重重障礙，你的病情亦急轉直下，出現肝衰竭的跡象。由於肝功能很差，未能在公立醫院成功開始接受治療，因為風險實在太大了。

經過詳細討論後，與其坐以待斃不如鋌而走險。在病人及家人都深深明白進行治療有機會死得更快的大前提下，大家願意一同承擔風險，搏一搏！就是這樣，透過減低化療劑量以及使用標靶，你的臉慢慢褪黃，普洱茶色的小便清下來，水腫慢慢消除，行動越來越自如了，就是這樣，捱過了一劫。

一笑置之 與癌並存

話雖如此，你的癌指數並沒有因為病情受到控制而降到一個理想的水平，其中一個癌指數 CA 19.9 最高值為 20000。如果高過這個數字，報告便會顯示>20000（因為已經超出了化驗室可以量度的水平）。

對於你而言，在這 18 個月來，即使身體狀況理想，癌指數 CA 19.9 仍每次都是 >20000！！！對於每天在診症室內為自己個位或十位數字的癌指數上上落落已經非常擔心的病人，這個數字已經足夠嚇死！而你竟然處之泰然，這些數字竟然對你沒有造成任何心理壓力！！

眾所週知，肝膽胰的腫瘤近乎是癌中之王。有多少個病人能夠在肝衰竭的情況下，穩定下來後又能病情持續受控呢？這種來回地獄又折返人間的經歷實在令人心寒，但你卻一笑置之，毫不介意與癌和平共存，抗癌路能夠行得這樣的輕鬆自在，實在是難得一見。

　　我深信就是你這種心境成為抗癌藥的最佳藥引，希望你這個秘方（真正自在隨遇而安的境界！）能夠幫助到其他正在治療水深火熱的病人！

5. 鑊鑊新鮮鑊鑊甘的佩賢！

2018 年 11 月我們初次相遇，那個時候你剛剛完成腦部腫瘤切除手術，證實患上 ALK 陽性肺癌擴散上腦部，手術後標靶治療穩定情況，穩定了一年。

但是，你的病情進展變得撲朔迷離了。2019 年 11 月發現肺癌擴散至大腸，這個情況其實是非常罕見的！經手術切除後，只是穩定了半年。

2020 年 5 月的某一個晚上，你 WhatsApp 我，告訴我持續腹脹及嘔吐，經過電腦掃描檢查後發現，之前手術駁口位以及右邊卵巢都出現腫瘤，造成阻塞。幸好因為及時發現仍能透過手術切除，不需要開「造口」，減少很多生活上的煩惱！但是，病理報告卻是第二個腫瘤——卵巢癌！！即是同時間有擴散性 ALK 陽性肺癌及第三期卵巢癌！！（同時都是 ALK 陽性，但病理報告跟從前的肺癌是完全不一樣的！！）

今時今日，一個病人同時患上兩個腫瘤已非新鮮事；一個病人同時有三個腫瘤以及四個腫瘤亦有發生！重點是怎樣同時處理兩個腫瘤！！並不是每種藥物都能一箭雙鵰！如果兩者不能兼得，只有選擇最嚴重、最有機會影響生命的來治療，情況有如兩個煲但只有一個煲蓋，唯有邊個水滾就冚邊個先。

正當佩賢回復還未開始下一步治療之際，又收到你的 WhatsApp，告訴我手術傷口位已經長出了新的腫瘤！而且一天比一天大，檢查後亦發現癌指數正在飆升！！即使傷口未完全癒合，我們唯有硬著頭皮開始化療！幸好化療能將腫瘤控制。

正當大家覺得可以雨過天晴的時候，2020 年 9 月即某一個晚上，我又收到你的 Urgent Call ！你在家中「發羊吊」，即是癲癇。（可笑的是，你們不是叫救護車，而是打電話給我！）所以，你的 Call 從來都是鑊鑊新鮮鑊鑊甘！！！幸好，經過調校癲癇藥後又過一關，總算是關關難過關關過！

　　經過這兩年又四個月的歲月，你終於穩定下來了，這些都是你努力換返來的成果。縱使抗癌路是這麼的崎嶇，從來沒有一刻想過放棄。希望這些一起走過的日子能夠一直延續下去，一起努力，加油！

6. Christina 別樹一格的七年抗癌路

經常提及乳癌好「襟」醫。從前很多人一旦確診四期乳癌不到一至兩年就會離世，隨著醫學發展進步，大部分四期乳癌病人活超過一至兩年、三至四年是等閒事，四至五年不是新鮮事，超過十年亦有。不但病人記錄越來越厚，病人所經歷的戰績（身體上化療或者其他治療所遺留的痕跡）亦越來越多。但是，又有多少人能夠看穿相中精神飽滿，衣著打扮新潮的 Christina 內裡蘊藏的病歷及戰績呢？

2014 年 5 月被確診患上 HER2 陰性 HR（荷爾蒙受體）陽性四期乳癌，直到現在經歷無數治療，在病人經驗值 Level Up 的過程當中，Christina 脫變成一個有要求的病人！每當病情有變要討論下一步治療方案的時候，與你談判過程總是比其他病人不同的。如果要在成效與副作用之間取捨的話，絕大部分的病人要求的是最高成效的治療方案，而你要求是舒適度最高的治療方案。

治療方案有點像賭博

選擇治療方案，從來都有一種賭博的感覺！醫生從來不能說治療方案百分百有效，只是機會率的問題。換句話說，有沒有機會有用都是運氣的問題，既然是運氣，你深信病人的心情才是主宰運氣的重要因素。要努力在治療的過程中不辛苦，才能增加自己「賭贏」的運氣，這個就是你的特質。某程度上你的策略正確的，因為每次你都是「賭贏」的，所以能夠升級到抗癌的「七年之癢」！

雖然在抗癌治療這張賭檯上，你的籌碼越來越少，你的妥協亦都越來越多。慶幸我們還能夠有共識怎樣善用籌碼，至少上年年尾我們險勝了一局，可以讓你檻過一關，看著大孫兒的出生。

真的希望我們能一起走過更長的日子，希望隨著醫療的進步能增加你手上的籌碼，大家一起努力！

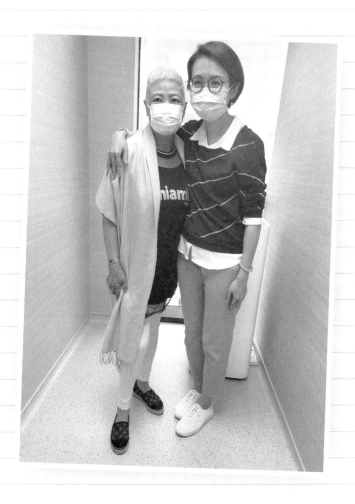

7. 綿綿不綿！

將近八十歲的綿綿（頭髮如綿羊毛髮般一樣的白，一樣的軟綿綿），2020 年原定進行手術切除胰臟癌，但手術期間發現病情影響到腹膜，所以手術「Open and Close」（因為不適合繼續做手術而提早中止手術。由於只是開肚並沒有切除任何腫瘤，手術名稱之為「Open and Close」）。這些情況對病人以及家人都有非常大的壓力，還記得第一天見綿綿的時候，家人都非常擔心綿綿承受不了這些資訊，所以在討論治療方案的時候，我們都特別小心留意綿綿有沒有額外的情緒反應。

坦誠接受患癌真相 更積極面對治療

這一年來，綿綿經歷了化療，電療及化療同步進行，現在已經擊退癌魔！而且，他亦已經接受兩劑 COVID-19 疫苗注射，整個治療過程他並沒有大的不適，實在令大家都很興奮！正正就是這一年內，綿綿經常出入腫瘤治療中心以及電機，他知道自己進行的其實是抗癌的療程，縱使沒有直接提及這個病，他自己亦心裡有數。相反，他並沒有因為知道自己是患上這個病而垂頭喪氣，反而更加積極治療！因為自己的事，只有自己才能幫到自己！

現在的他，已經毫不介意地跟其他人說他是長期病患者，而且他一點也不懼怕，因為他已經為自己盡力做好一切！他這個態度亦令家人感到驚訝！

病人對自己病情的知情權從來都是 Medical Ethics（醫學倫理道德），其中一樣最重要的環節！所以我們一直都要小心處理，如何取得多種平衡，從來都不是一朝一夕的事，而是要一起經歷，循序漸進才能達致理想效果。

　　現在的綿綿比一年前的綿綿更了解自己的情況。他不但沒有懼怕，反而更加精神，意志更加堅定去作戰，真的是綿綿一點也不綿！

8. 大家姐 Anita Ma

在我的朋友圈內，幾乎所有的 Anita 性格都是比較強悍的，這當然亦包括大家姐 Anita Ma ！

超強態度對抗癌症

2006 年初次患上 HER2 陽性乳癌，經歷手術、化療、電療及荷爾蒙治療（當時仍未流行用標靶方案）。

2011 年乳癌復發，幸好經過一輪治療後情況於 2016 年穩定下來。那個時候，只需要繼續使用相對簡單的荷爾蒙及雙標靶治療。但在 2016 年年尾，她卻要面對第二個腫瘤的挑戰（左腳被發現有惡性肉瘤），幸好及早發現只需要進行簡單手術便能徹底清除。

直到 2019 年年尾，乳癌情況再度惡化，轉用 T-DM1 後情況又得到改善，雖然曾經在 2020 年尾出現寡惡化的情況，幸好情況經過電療處理後又過一關！

歷時超過十年的抗癌路，再加上雙重腫瘤的打擊，絕大部分病人都會身心疲乏，但是相中的 Anita 精神飽滿，充滿正能量，不認識她的人根本很難洞悉她是一個有故事的人！

除了面對自己的病有非一般的「強」的態度，她亦曾陪伴過很多乳癌姊妹渡過艱難的時刻。其實，作為有經驗的乳癌過來人，要多年來陪伴其他姊妹經歷多個生死關口，一點也不容易，處理不善的話，有機會誘發自己的心理問題，繼而影響自己的病情，所以她是非一般的「強」，或許這個亦是跟她的名字「Anita」有關，讓她有著非一般的「強人」能力！

隨著時間的洗禮，現在的 Anita 轉變了，她經歷了低處未算低！令她得到更大的啟發：「有些事情我哋改變唔到，但我哋可以改變心態，只要心裡感到平安，人都會變得隨和開心。」現在的她活得更加輕鬆、更加自在，大家都為你的轉變感到開心。

9. 被抑鬱症襲擊的兆綿

2020 年頭，你被確診患上肝癌並影響到身體多個地方，甚至擔心胸椎骨受到腫瘤影響，有很大機會會壓住脊椎神經導致下身癱瘓。幸好經過標靶治療以及電療治療之後，情況受到控制，雖然仍然要依靠止痛藥，但大部分情況都總算是食得、瞓得、屙得，表面看來跟正常人沒有任何分別。

但是，1 年後，今年年頭農曆新年的時候，你的情況卻起著很大的變化，你變得沒精打采，沒有任何胃口進食，雙腳水腫嚴重，大家都非常擔心是否病情不受控了，經過一輪檢查之後發現你的病情穩定，只是得了抑鬱病。

情緒病與腫瘤是否係 Twins

情緒病以及腫瘤從來都好像買菜送蔥一樣，感覺有如慣性的打孖上！如果處理不善的話，絕對可以令穩定的病情惡化，就算是最靚的抗癌藥也未能發揮最好的功效！所以，情緒困擾可以說得上是腫瘤的秘密武器！

幸好適逢農曆新年，你的女兒及孫兒從美國回港。你的女兒亦熟悉情緒病，內外照應下，「開心藥」能夠盡快起到功效，我們總算捱過兇險的一關！繼續服用沿用的標靶藥，虛驚一場。

其實，並不是每一位病人都有有經驗的家屬，內外照應並不是每一個家庭都適合使用，所以抗癌路上經常充滿挑戰，幸好這些挑戰藉著良好的醫患關係，可以盡早改善情況。所以，抗癌從來不單是病人的事，是一家人的事，也是一個醫療團隊的事，大家要一起努力共闖癌關，共勉之！

10. 賢世進化的故事

　　2019 年剛剛被確診患上子宮體腫瘤並且已經擴散到肺、肝以及骨的位置，一家都非常徬徨，還記得第一天見你們一家的時候，你們每一位都被驚恐吞噬，基本上不能正常地運作，要一家人 Share 一樽「騰雞藥」度日，幸好治療進度尚算理想，總算可以鬆一口氣！

病情急轉反而變得「不騰雞」

　　抗癌的日子從來都是充滿著很多未知數，雖然治療進度理想，但每次在醫院「打豆」對你來說都好像是極刑一樣，令你壓力異常大，每次在日間中心或病房內你都哭得死去活來，於是幫你安排安裝「Port-a-cath」，即是植入式靜脈導管裝置，自此之後打針變得輕鬆自在。

　　好景不常，第一線藥物失效，雖然第二次化療配合標靶治療進度理想，但標靶所引起的高血壓卻異常嚴重。還記得當天晚上，你哥哥突然致電給我說你的情況很不理想，幸好安排即時入院處理，雖然要在加護病房照顧好幾天，而且私家醫院收費不菲，但總算將情況穩定下來，慶幸的是情況得到及早處理未有嚴重的併發症。同時正電子掃描顯示所有腫瘤被清除，雖然藥物很適合你，但副作用卻差點攞你命，討論後我們決定 Drug Holiday，好讓你的身心都休息一下！

　　經過半年的休息，雖然病情是預計之內的再度惡化，但由於身心已經經過休息，再加上已經裝了 Port-a-cath，即使是再次使用紫杉醇，效果仍然非常顯著，而且沒有大的身體上以及心靈上的副作用，能夠有質素地控制病情！

在整個治療過程之中，你們一家都進步了很多！從前的你，如果面對這麼多的轉變，必定要加「騰雞藥」度日，現在只需要依靠少量的「騰雞藥」，而且你還可以在日間中心內運用你的正能量，幫助其他正在治療而又惶恐度日的病人，去過渡從前你覺得難以處理的心理關口，整個進化嘅過程實在令人非常感動！

患病期間，病人之間能夠互相扶持，如果能夠進化自己在治療期間仍然能幫助有需要的人，日子會變得不一樣。其實，風景不轉人心轉，只是一念之差的區別。能夠掌握這個竅門，相信是抗癌的良方，這些都要大家一起努力的！一起加油的抗癌路才不會感到孤單，才能更有力氣走更多的路！

11. 超越人體極限的 Grace ！

　　2013 年的時候，被確診擴散性 HER2 陽性乳癌的 Grace，一直以來從不間斷的治療，大約在三年前發現腫瘤擴散至腦部，2018 年、2019 年以及 2020 年先後經立體定位電療處理十二粒、五粒以及六粒腦轉移，可以稱得上是超越人體極限。雖然治療後某些腦轉移出現腦組織壞死的情況，但短時間的類固醇治療能夠處理症狀，總算是解除了腦轉移惡化的威脅。

　　隨著腦的問題受控，腦以外的問題又來搞搞震。幸好經過調整化療以及標靶治療，情況大致穩定了一段時間。病情以外，自從解僱工人後，獨居的 Grace 一直以來自己照顧自己，雖然偶然對生活有點氣餒，但時時刻刻仍能保持積極正面的心態，還鼓勵身邊的姊妹積極抗病，實在是能人所不能！

　　雖然現在出現寡惡化的情況，加上「蘋果日報慈善基金」贊助受到影響，可以說是受到雙重打擊。慶幸的是，解決的方案總比困難多，再加上你有超級好隊友無限支持你。那麼，你便可以繼續超越自己的極限了！

愛要及時！
我們是天然呆的一家。
從前日子非常艱難，
所以爸爸媽媽都老得很快，
要好好珍惜每一天。

Chapter IV

CA菜鳥之日常散文集

（一） 診症一二事

1. 真心話

人類說話很奧妙，不經思考、直接說出「真心話」——讓人更清楚明白？讓人難以接受傷心難過？於是發明了客套話加以修飾？更甚以大話遮掩真相？

傳理系出身的我難於找尋箇中平衡⋯⋯

診症室裡，要向病人直言解讀末期報告，說出餘下生命以日計算的真相？醫生當然不能掩飾病情。病人直接問及要害，醫生還是要如實道來。「準備定身後事啦！」不作任何修飾最簡單直接，但行外人也可以想像對病人帶來的打擊。「生命雖以日計算，預先準備後事，少個遺憾面對那刻來臨，可為家人共同分憂。」理解病人及家人的接受程度，循序交代事情的全部，無謂在傷口上灑鹽。

辦公室裡，上司與下屬之間，同輩與同輩之間，其實也難於直說心底話。說話的技巧很重要，我慶幸過去十多載職場生活中「見多識廣」，從真實「過招」裡累積經驗，讓我未來的日子見招拆招，表現得更加堅強！

因為我說話裡總帶著思考，讓人聽著聽著有點似客套話，曾有同輩直言跟我對話很辛苦。其實，只是小時候的經歷，讓我明白說話的殺傷力，所以我說話前會預先經過大腦思考罷了，更不代表我在堆砌謊話。

明明已是真心話，接收者硬是帶著前設曲解內容的話，再真誠的意思都無法直接傳達。

　　診症室裡，假如病人對醫生沒有信任，即使醫生已詳細解讀病情，病人還是帶著疑慮。「醫生梗係呃我！」「醫生都無解釋晒全部？」所以真心話能否成功傳達？絕對考驗對話雙方的互信程度，說到底醫生與病人也需要建立良好關係。

　　狗狗生活簡單，要吃的、要玩的、要睡的，全放在臉上，所以我特別喜歡汪主子。

2. 機會率

機會率是數學概念，是對未來隨機發生事件、可能性的一種度量。由於事情尚未發生，除非是神仙，沒有人能斷定某事情一定發生或一定不會發生。

我每天與病人討論的會診內容都涉及機會率：「患癌／痊癒／復發的百分比有幾高？」「服用某某藥物後有效的百分比為多少？」「服用某某藥物後出現各種副作用的百分比是多少？」「還有大家最關心最常問的生存機率又是多少？」

其實病人年齡，病情類別，以至病情發展，時時刻刻都在影響以上問題的機會率。不過，我可以肯定的是：「服藥後最好0%副作用！」「服的藥當然要100%有效！」「藥到病除與腫瘤說再見！」絕對是每位病人的共同目標。

偏偏地球上就沒有一個能夠達到100%理想的治療方案，所以不斷看醫生尋求形形色色的意見，便是病人前來會診的主因之一。

醫生的專業是保持自我增值，以掌握各項醫療技術的最新消息。對各種病況與治療方案融會貫通，透過診症跟病人分享各種治療成效的機會率。再由醫生向病人提供醫療數據，分析不同治療的利弊，最後由醫生與病人共同制定治療方案。

無可否應，用了藥不一定100%有用，簡單如吃止痛藥都不會列明百分百有功效；不用藥也不代表提早結束生命，因為每天正常人口都有幾個巴仙的自然流失率。

某程度上，治療說白一點是一種賭博，開大開小就憑藉玩家相信與堅持。

治療比賭博實在一點，過程中透過醫護專業的分析及照顧，與團隊攜手面對困難，病人保持良好心境就是了。所以呢，我不相信「包醫」一說，「一定保你十年命！」「這藥沒有任何副作用！」各位好好思量一下就會明白。

近日鬧哄哄的新冠疫苗，科興還是復必泰？接種後必然有效？接種了所以致死？通通都牽涉機會率，接種與否最後都屬個人決定。竟然有病人問及我本人對疫苗的選擇，不好意思即使如預防性質的流感針，我也從沒接種。我的醫生知道後，她都不禁對我冷眼旁觀（哈）~

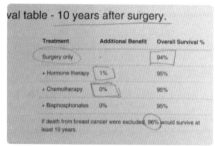

3. 資深病人

腫瘤不是小病痛，加上醫療技術日趨發達，可選擇一線、二線、三線或更多樣癌症藥物，與腫瘤長期作戰，原來的初哥都升呢成為資深病人。

確診之初，漫長的電療化療即將展開，對療程的無知加深了不安。「我電療化療時係咪唔可以出街？」「幫自己打升白針？！我驚我做唔到呀⋯⋯」就是因為缺乏經驗，固未能消化當前的醫生分享及安慰，甚至道聽塗說無限幻想化大各種可能出現的狀況。

隨著治療有序進展，接受電療就如每日到訪醫院打咭、抽血再覆診、再落化療針的循環一個接一個，菜鳥病人都成為了資深病人。第一，身體對治療並不如想像般恐怖。第二，不難掌握升白針或服用減輕副作用的相應藥物。第三，又懂得如何從運動、從飲食著手照顧治療中的自己。

有時傻傻的想，身體健康是每個人的願望，沒有人希望染上頑疾，也大概沒有人希望久病成醫，有意無意稱呼標籤大家為資深病人，會觸及病人的情緒嗎？會對病人構成額外的負擔嗎？

話雖如此，作為半個醫護，樂於看到病人的成長：懂得了解自己，略有能力解讀報告，不作盲頭烏蠅胡思亂想；懂得愛護自己，配合適合的渠道釋放負能量，不要因為情緒而拖垮病情。

資深病人還會繼續進化，除了清楚掌握自身病況，更成為 KOL 或義工，於不同機構平台分享治療經驗，以過來人的身份為新病友提供資訊及溫暖。

套用癌症資訊網其中一本編著刊物《下一個十年》，十年又十年，癌症不是終點，可以成為病者重新認識自己的起點。

4. 全院滿座

工作上的實戰機會，讓我日漸了解公立醫院與私家醫院的運作。原來病人期望入住私家醫院接受進一步治療，並不是戶口有個錢，然後 Walk-in 私家醫院就可以。更令我感到驚訝的，私家醫院也會出現全院滿座的情況。

假如病人糊里糊塗走到私家醫院，可能隨著種種原因被拒收不得要領。

第一個謬誤：「有錢就有床？」

近日親身處理了數個 Cases，病人已經入住公立醫院，提出個人意願，希望我們幫忙轉到私家醫院繼續治療。當然基於使用率，頭等、二等病房或較普通病房容易安排，事實任何房型也有機會全被使用，達到一床難求的境界？

「是的，私家醫院也會全院滿座哦！」病人提出轉院要求後，主診醫生就要向醫院負責部門申請批准，醫院會根據病人當前狀況，同意或不同意主診醫生的申請。

「是的，病人能否入住私家？最終決定權在醫院而不是醫生！」

第二個謬誤：我會 Call 白車到私家醫院！

其實醫生已不下數十次向各組病人及其家人解釋，「白車只會送病人前往最就近的公立醫院」，「白車肯定不會送病人到私家醫院！」

我們明白大概沒有平民百姓希望對白車服務瞭如指掌，偏偏白車就是危急關頭的救命車，謹記白車不會送病人到私家醫院就是了！

如果病人要前往某某指定醫院，可以考慮公共運輸工具，例如的士或各大私家機構的接載服務，但我們還得考慮病人當刻情況，必須躺臥在床未能自行走動？需要氧氣等維生儀器輔助？

再補充，如果病人本身已在公立醫院治療中，可能還要先得到公立醫院醫護團隊的同意才能簽紙離開，所以公立醫院轉私家醫院從來不容易，病人及家人也最好預先了解規劃。

第三個謬誤：「醫健通」有晒我嘅病歷啦！

與某病者對話，竟以為「醫健通」擁有齊全的個人病歷。

「是的，近月『醫健通』確有改善，能夠於文字報告以外，看到如肺片等影像。」就如我這個非醫生的私人助手，幾乎都有向各組病人分享，「醫健通」的限制其實很多，也難免出現掛機未能登入的情況。

對於私家公立醫院兩邊走的病人，與其依賴第三方系統，永遠齊備報告向醫生問症最穩妥。

公立醫院還是私家醫院？兩者沒有絕對優勢，也可以互相補足。不過，私家入院也有少不免的繁文縟節，或不能夠隨心作出即時安排。

（二）職場一二事

1. 口罩

疫情之下，口罩可是最後防線，雖說抗疫疲勞日漸加深，但還是時刻謹記帶上貼服的口罩處理日常工作。

診症室裡，與病人分享資料以照顧病人所需。每天都與十多組不同的病人及其家人近距離接觸，向服務對象提供零距離貼心服務是醫院診所裡不能避免的狀況，疫情之初當然擔心，但忙著忙著也沒有分神的空間。

細心的病人會主動向我們匯報：「我嗰幢大廈有人確診。」「我曾經被要求強制隔離。」然後我們會按照指引，要求對方呈交報告才能如期赴診。但病人不主動提供資料，作為醫護的有時也無可奈何。

唯有工作時，自行多加小心注意。

這些天收到某位肺癌病人離世的消息，還記得他晚期喘得利害，咳得要命（補充：固執的他不願用藥），偏偏佩戴口罩使其呼吸加倍困難。

猶記得最後一次與他見面會診，為了呼吸，他於診症室內脫下口罩，而我為求自保，所以與他保持距離。收到他離去的消息，對自己當日的舉措有點耿耿於懷，雖然為保障家人，我不能／不會後悔當天的本能反應，但自責於病人看在眼內感到難過，我內心有一點點戚戚然就是了。

有時又想，如果面前的當真是病毒帶菌者，我的頭髮、衣物、工作用具，也很難隔絕病源。除非宅在家不出門，不與他人接觸，感染與否，還是只求多福，所以才說口罩是最後的防線。

持續了一年多的疫情，口罩選擇五花八門，但我獨獨只用基本的藍、白、粉色，

誰知那些花俏的保障能力有多高？！

時事節目不是剖析花俏的含菌量特多嗎？！你可認為我固執偏激，但我都說口罩是最後防線，總不能忘了口罩本意而「愛靚唔愛命」！

好些日子沒有到美容院做 Facial 了，更多日子沒有外遊了，除罩相見的日子，還是沒有看到曙光……

2. 第三者

腫瘤是一門複雜的科目，有別於傷風感冒，醫生與病者會一對一會診。我醫生的每場診症，除了醫生病者二人，還有病者家人、醫生助手、護士長、姑娘甚至實習生，數數就知人頭多得很，因應疫情關係，婉拒過多家人到診實屬情非得已。

診症室內人數比自己想像還要多，難怪新症病友內進時或露流出錯愕的表情。

自己的病情竟除了醫生以外，還有多位聆聽者，「不願意會診，妥協繼續會診。」病人雖然沒有開口，但也是難免的想法。

早前曾分享我助手這角色在診症室的用處，既非給予意見處方藥物那位，也非了解病情接受治療的那個，所以我形容自己是「第三者」，是醫生與病人之間的外人，當然非所有病人接受我這個人設。

某某病人不欲「第三者」知道其病情，明言要求我離開診症室，所以這位病人以後每次到訪，我都收拾細軟默默在房外守候。

也有我自願離開診症室的情況，留意眉頭眼額是我作為助手的技能之一，有感我的存在阻礙病人暢所欲言，我會主動離開讓病人向醫生盡情抒發。

有時我也因為這樣進進出出診症室而發點小牢騷。

每位病人的需要都獨一無二，所以理解我的角色需要一定柔韌度，彈性處理每個情況。沒有人訓示我要對病人的資料守口如瓶，也不用簽署什麼什麼員工守則要求我保持緘默，只是一個受過教育又有些許人生

歷練的成年人，以 Common Sense 來處理各位的個人資料罷了。也盼望用最單純的心接待每位，讓病人肯定我是一個值得相信的「第三者」。

每天處理十多個個案，與其 Gossip 到處說閒話，不如認認真真完成工作，早點回家休息。

3. 24 小時服務熱線

早前在《不可不知的癌症瑣碎事》的「竊聽風雲」一文提及，我的工作分為「診症」及「電話群組」兩大類別。

診症室內的工作，足夠我朝八晚六瘋狂在醫院診所中團團轉（香港邊個打工仔宜家唔係做足十幾個鐘？！）至於我，日間工作過後，真正的「Big Boss」，是醫生向病人提供的 24 小時服務熱線。

為了照顧病人身體心靈需要，經同意下，我們為每一組病人開設獨立的電話群組。化療電療後的身體不適，對患病的各種擔憂；病者及其家人都可以直接與我的醫生聯繫詢問。

而我作為助手，除了處理各項預約安排，醫生分身不暇，或者其實無需要醫生身份回應問題的時候，我就是這個服務熱線的總務。

受聘那一刻知道，我最大、最重要的職能就是打理這個電話群組工作。但當接手及處理這任務，才真正感受到醫生的瘋狂。雖則說醫護的工作是救急扶危，大概沒有任何一個行業職位，能夠容許客戶 24 小時每分每秒都找到自己。

我的醫生就是那樣向自己的病人肩負責任，時時刻刻都處身在作戰狀態之中。

電話群組實在太方便了，隨手拿來就有個專業醫護解答問題，於是任何類型的醫療查詢，甚至與病者自身病情沒有關係的問題，都會出現在群組訊息之中。

有時對方不理解我們的忙碌，要求我們作出即時回覆，甚至因為其

感到所謂「怠慢」的回應，反過來怪責我倆沒有體諒理解他們作為病人的心情，每每讓醫生及我這個助手感到氣餒。

正因為每組病人都擁有醫生的電話，對方或以為不過發送了一個簡單的問題，

我們每天卻收到上千的訊息，也可以想像背後正等待我們回覆處理的病人為數之多。

與腫瘤長期作戰，醫生和我都明白及肯定電話群組的好處，但是我們還要照顧醫院診所每天已預約見面覆診的病人，確確實實只能以餘下時間來關顧電話群組的其他需要。

澄清一下，醫生從沒有要求我 24 小時應接電話群組，只是訊息量再加上些微責任心，所以自發於下班後及假期中，時刻緊貼群組的最新情報。

推動我的能源，除了我家人的理解鼓勵，肯定是與各位病友及其家人由醫患關係昇華至筆友朋友，間中的相互問候，讓我更喜歡這份工作。

4. 與 X 光片談戀愛

早年迷上《太陽的後裔》，瘋狂沉迷雙宋戀之中，其中一幕特別深刻的，是飾演外科醫生的宋慧喬凝視著暗戀對象宋仲基的肺片，然後痴痴的甜笑……

那年迷上這韓劇還未投身醫療界，難以明白醫生的視角。一個人緊釘著肺片這死物痴痴甜笑，只感到匪夷所思，因而當天我對那幕瘋狂大笑，也在腦海裡留下深刻印象。

世事難料，我也難以想像，數年後糊裡糊塗當上了腫瘤科醫生助手，與每一位病人的每一場診症，99% 牽涉討論各種各樣的病情報告。

報告有分文字或影像，而 X 光片則是其中一種影像的呈現方式。醫生透過 X 光片，以穿透科技為病人身體內部拍下平面照片，直接又深入地反映病人即時的體內情況。她與每位病人見面前，我的醫生需要做功課，透過包括 X 光片等情報掌握最新病況。

某次，察覺醫生看著 X 光片傻笑，《太陽的後裔》那一幕即時在腦海中 Pop Up ！

醫生還會凝視著 X 光片自言自語。「嗯……（腫瘤）多咗大咗，要諗下點樣搞？」「無嘢喎！肺水同上次差唔多。」「哈哈，我覺得自己醫得幾好！」醫生確確實實因為 X 光片表現出喜怒哀樂！即使後來目擊了數十次數百次，我還是有感因為 X 光片表達七情六慾而取笑醫生（哈哈）！

醫生曾數次指導我如何閱讀影像報告，「嗱！呢 D 就係肺水，呢 D 就係腫瘤。」

輸在起跑線加上資質欠奉：「呀！醫生醫生，其實我還未搞清楚心肝脾肺腎的位置。」「其實我當年 Bio 肥佬，所以後來才全力向文科商科發展。」

因為從事醫療界，對醫護界別多了認識。「好假囉！真嘅醫生、護士點會咁做！」

多了一重濾鏡看劇集，比從前更難投入其中了。

5. 菜鳥作家

「It's a whole new world to me!」我曾經這樣跟我的前上司說。

一個完全沒有醫學知識背景的菜鳥，糊裡糊塗加入了醫療界照顧病人，每天湧現大大小小的感受，這就是一年多前我設立這面書專頁的初心。

曾經有長達十年書寫網上日記的習慣，所以用文字表達心裡感受，對我來說比較以說話溝通來得更清晰有效。當上腫瘤醫生的助手，竟同時發掘了做個菜鳥作家的潛能！

純粹紀錄工作點滴，Followers 數量不是我寫作的目的。

反倒是設立面書之初，醫生笑說：「你一定會因為追隨者數量的增加而開心。」

「是哦！」我曾在介懷文章獲得一個 Like，還是十個 Likes，我也曾思考為這個專頁達到 100 個 Followers 的時候寫篇文章，慶幸我仍擁有那份初心，沒有因為多少個 Like 或多少個 Follower 而有太大的心情起伏，也不是所有工作感受都能夠分享。

醫生的行規秘聞，病人的千奇百趣，要多爆炸有多爆炸，能夠吸引讀者的 Juicy 題目何其多，就是有些故事不能隨便分享，向大眾公開揭露。有時又想想自己當了半個作家，是否需要盡盡社會責任，多寫些鼓勵別人的故事？收起避談傷感的部份？其實寫作每篇文章前需經歷多番的自我審查。

抓緊醫生的衫尾，佔佔醫生的便宜，這個菜鳥作家竟然出書了。

成長經歷，讓我這個人機心特別重，向他人過份地表露喜怒哀樂，自己或最終成為受害人。因此，初時對能夠出書這個安排沒有太大的興奮，直到收到書本的校對稿件，看到自己的文章被排版成書，再也無法遮掩心中的喜悅！

要多謝、最多謝的只有醫生對我的提攜，在她出刊自己第一本作品的時候，想到我……願意分享她個人書刊的一小部份予「CA菜鳥之日常」，多謝您！

6. 小小經驗分享

我的職場生涯 So Far 未有太大風浪，曾有朋友請教心得，說實話只是投入工作，談不上什麼特別技巧。

別人會因為對某事、情感、興趣而報讀相關課程，再因為完成課程而獲得相應工作機會。

我的人生卻有一點點奇特，因為成績不算理想未能循正常途徑升學，卻因為一次面試機會入讀了不認識的傳理系。

工作接近二十載換過四五次工作，每份工作幾乎都屬不同行業，我甚至未持有相關學歷經驗，純粹基於伯樂賞識而擔當某某職位。

我曾經霸氣地與前上司對話：「我的工作表現不只有上司留意，朋輩也好，上司也好，下屬也好，即使其他部門與自己不相干的同業都會看在眼裡。」

現在想來，不知哪來勇氣這樣向前上司說話，但可以肯定我數次工作機會都是因此獲得。

澄清一下我從不陰謀行事，不是坐這山望那山，更不是要飛上枝頭，只是每份工作都全心全意，但求自我評核時心安理得。

可能因為我對得起自己的每項工作。偶爾遇上無理指責時，我的反彈就會幾何級數。有時會聽到朋輩因為工作訴苦：「我以前唔係咁做囉！」「要我做乜乜乜的話，我一定唔制！」

與其找工作配合自己，我比較信奉「自己如何配合工作」這一套。除非違背良心，我一般盡力做好眼前工作。

　　今年暑假遇上了幾位實習生，有感她們的幸運，才高中生就有機會了解認識一下各職位的實戰日常，或讓她們的人生目標順利一點。

　　想當年我還是「一嚿雲」，絕對談不上「我的志願」。人生經歷隨遇而安，

　　但即使迂迴一點，只要抱着正確的工作態度，有感不會太差。

　　DSE剛放榜，成績好壞只屬次要，過了十年八載，還有多少人從事畢業學系的工作？！最重要還是正確的待人接物態度。

（三）小知識略知一二事

1. Brain Met

「你係咪 Brain Met 咗呀~」這是醫生、姑娘常跟我聊天時的小戲言。

醫學是一個高學術、高智慧的界別。對我這個菜鳥而言，得重新學習太多專業詞彙。

經過一年多的實踐，我才大概理解醫生書寫的 Clinical Notes，其中包括 Brain Met 一詞。

「Brain Metastases occur when cancer cells break away from their original location.」Brain Met 詳細為 Brain Metastases，中文譯名為「轉移性腦瘤」，是癌細胞經由血液轉移到顱內之腫瘤。

「體內第一次出現的癌腫稱為原發性（Primary），有時候原發性癌腫透過血液或者淋巴系統擴散到體內其他器官時，就會構成轉移（Metastasis）。」

Brain Met 簡單來說，就是身體癌腫擴散至腦部。

癌細胞擴散至腦部，最明顯的病徵為頭痛、噁心、嘔吐，或會出現說話困難，記憶力減退的情況，病者甚至於日常生活中做出反常行為，身邊人不難察覺病者情況有異。

我與病人於電話群組中保持聯繫，有時突然收到病人語無倫次的內

容，當下雞皮疙瘩，不要少看簡單幾個文字或幾秒錄音，病人的各種反應及回應，都在反映其病情變化，讓醫生及早問候了解，需要的話提早覆診或安排進一步檢查。

還記得首次讀到類似訊息，我滿腦子問號「唔通病人玩電話？！」後來再遇到其他病人的同類情況，即使多添了幾分醫學常識，但我內心同時多添了幾分恐懼，擔心病人的情況，「手指插入電掣」、「把玩排泄物」都是曾經聽到的真實情況，不過透過醫生介入及用藥治療，Brain Met 情況可以改善或康復，病人清醒後就如宿醉般完全忘記自己曾經做出的行為。

醫生姑娘對我的 Brain Met 戲言，當然不代表我身體出現狀況，只是有時工作得糊裡糊塗天昏地暗，一下子做出傻事，笑料百出，引得大家互相取笑，純粹忙裡偷閒一下！

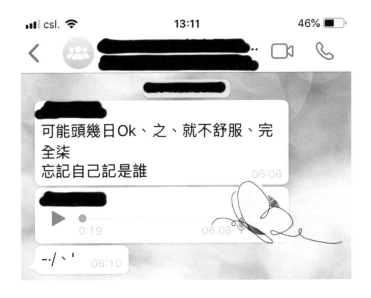

2. 番外篇之玩轉極樂園 Coco

有段日子從事動畫界，一套動畫由籌劃到上映，絕對與拍攝一齣真人電影作品一樣複雜艱巨。我很喜歡 PIXAR 電影工作室的作品，歡笑背後還會讓觀眾思考人生，探討死亡的《玩轉極樂園 Coco》是其中的佼佼者。

「玩轉極樂園」塑造出「亡靈世界」，人類死亡後並不灰飛煙滅，而是於另一個世界與其他死去親友重聚及「生活」。可不保證「它們」在另一世界中得到永生，

只要現實裡所有在世者都遺忘了「它」，「它」就會化作塵土消失於「亡靈世界」之中。

即使親人離開了，但只要他／她一直在你心底裡，其實他／她只不過在另一世界中快樂無痛苦地「生活」下去，我們也總會有「重聚」的一天……

《玩轉極樂園》以 Disco 夜總會般描繪極樂世界，讓觀眾感受極樂世界的歡愉，卻又在故事中着墨探討生死，讓觀眾哭哭笑笑，甚至想起摯愛。

從前與「死亡」有段距離，僅有的經驗就是看著爺爺、奶奶等老去。

從事腫瘤界竟讓我多了面對「死亡」，是一份只有藍血人才有資格擔當的工作。

癌症資訊網
慈善基金介紹

癌症資訊網慈善基金（簡稱 CICF）是由一群熱愛生命的癌症患者及康復者攜手組成的互助網絡平台。我們由癌症患者和照顧者的角度出發，致力在漫長的醫治及康復期間提供全面及合適的支援，並團結同路人，鼓勵他們互相扶持，以積極正面的態度面對抗癌之路，發揮互助互勉的精神。

◎ 正確、專業和適切的癌症資訊

我們邀請不同界別的專業人士，舉辦健康講座、撰寫文章、拍攝影片，向公眾傳達正確、可靠的癌症資訊。網上資訊平台服務包括醫生排解疑難、營養師的諮詢，及同路人互動交流。癌症資訊網中心設有「癌症資訊閣」，提供有關癌症的各類資訊，讓公眾參考借閱。

◎ 復康、情緒及社交支援

透過舉辦不同的健體運動班、興趣班、關顧小組、同路人聚會等，讓參加者加強復元能力，重拾生活興趣，同時鼓勵患者及照顧者外出參與活動，與同路人分享交流，彼此支持和鼓勵，加強社會人際支援網絡。

◎ 經濟及社區支援

隨著醫療支出日益上升，治療癌症亦為患者及其家庭帶來經濟壓力，有見及此，癌症資訊網慈善基金為有需要的病人提供藥物援助計劃，並且設有緊急援助基金，以助病人紓緩燃眉之急。我們亦會探訪有需要病人，並提供適切的支援服務。透過我們的直接服務，及與社區其他癌症服務機構的合作，為癌症患者提供無縫及適時的支持。

◎ 同路人義工

我們相信經歷癌症並不只有痛苦，患者及照顧者都有不同的才能，我們希望能提供合適的機會，幫助他們發掘自身的潛能，發揮他們的生命力，豐富他們的生命，為生活添上色彩。

歡迎大家隨時來歇息、喝茶、聊天，了解及使用我們的服務。

開放時間：星期一至星期五（星期六、日及公眾假期休息）
　　　　　上午十時至下午五時 ｜ 午膳時間：下午一時至二時
地　　址：香港九龍觀塘偉業街 205 號茂興工業中心 8 樓 B 室
　　　　　（港鐵觀塘站 B3 出口，沿開源道直行到尾，至迴旋處轉右步行入偉業街即到）
電　　話：3598-2157 或 5206-7611
網　　址：www.cicf.org.hk

癌症資訊網慈善基金有限公司
政府認可的註冊慈善團體（稅局檔案編號：91/15162）

Cancerinformation.com.hk
Charity Foundation Limited

癌症資訊網 ｜ 由同路人和照顧者角度出發的互動資訊網站

www.cancerinformation.com.hk cancer_information 癌症資訊網

在這個資訊爆棚的年代，我們隨時隨地可以找到許多與癌症相關的資訊，惟當中有多少是真確可信的？有多少是以訛傳訛的？有多少是無中生有的？

本網站以搜羅與癌症相關的最新消息、報導及科研報告為主，並邀請不同界別的專業人士撰寫文章，輔以討論區讓公眾互動交流。透過廣泛的討論讓公眾認清毫無事實根據的所謂「另類治療」是何等的荒謬，同時希望向公眾傳遞重要訊息：信任你的主診醫生，及早接受正規的癌症治療；切勿道聽途說，錯信「另類療法」，延誤治療的黃金時機。

近年，癌症資訊網的服務進一步擴展，開始製作醫療資訊短片和定期舉辦講座，藉此提升公眾對癌症的認知；與各大機構合辦的工作坊，除了支援同路人和照顧者的身心需要，亦將他們凝聚起來，因著彼此支持和鼓勵，能積極面對抗癌路上的種種挑戰。

網站的內容和功能尚有很大的擴展空間，盼望在未來的日子精益求精，繼續從不同層面加強對各同路人的支援。期待你們的寶貴意見！

刊物出版
出版病人分享集及癌症刊物,提供實用資訊

癌症資訊網樂隊
由癌症患者組成,以音樂發放正能量

製作的微電影及資訊短片
多條微電影現於醫院及網上平台播放

專題講座及展覽
透過抗癌經歷分享及醫生講解,讓大眾對各種癌症有更全面的認識

工作坊
透過不同藝術及健康工作坊,提供身心支援,讓大家互相連繫

「越跑・越友」慈善賽
籌辦各類大型活動,凝聚癌症同路人,同時喚起公眾人士對癌症之關注

癌症瑣碎事
不可不知的
2

臨床腫瘤科專科
黃麗珊醫生
潘潔欣 合著

Health 059

書名：	不可不知的癌症瑣碎事2
作者：	臨床腫瘤科專科黃麗珊醫生和潘潔欣
編輯：	Angie / Alan Ng
文稿統籌：	Cecilia
設計：	4res
插畫：	Den Mark
出版：	紅出版（青森文化）
	地址：香港灣仔道133號卓凌中心11樓
	出版計劃查詢電話：(852) 2540 7517
	電郵：editor@red-publish.com
	網址：http://www.red-publish.com
香港總經銷：	聯合新零售（香港）有限公司
台灣總經銷：	貿騰發賣股份有限公司
	地址：新北市中和區立德街136號6樓
	電話：(866) 2-8227-5988
	網址：http://www.namode.com
出版日期：	2021年12月
圖書分類：	醫藥衛生
ISBN：	978-988-8743-75-9
定價：	港幣88元正／新台幣350圓正